清华电脑学堂

微课学
Dreamweaver CC
网页设计与网站组建

高鹏 / 编著

清华大学出版社

北 京

内容简介

本书是一部深入浅出、实用性强的 Dreamweaver CC 网页设计制作教程。本书以平易近人的语言，结合一系列精美绝伦的网页设计案例，系统而全面地阐述了网页设计的基础知识，以及利用 Dreamweaver CC 进行创作的方法和技巧。这些内容不仅能帮助读者深入理解网页设计的核心理念，更能使其在掌握基础技能的同时，灵活运用所学知识，实现创意与技术的完美结合。

本书精心排编，共包括 9 章，系统而详尽地介绍了 Dreamweaver CC 软件的理论精髓与实战应用。第 1 章为认识 Dreamweaver 与创建站点，第 2 章为从 HTML 到 HTML5，第 3 章为精通 CSS 样式，第 4 章为 Div+CSS 网页布局，第 5 章为插入文本元素，第 6 章为插入图像和多媒体元素，第 7 章为设置网页链接，第 8 章为插入表单元素，第 9 章为网站综合案例。另外，本书还赠送所有案例的源文件和素材、PPT 课件和微视频教程。

本书适合网页制作初学者和爱好者自学，也可帮助从业人员提高技术水平，还可作为计算机培训班和各类院校相关专业的教辅用书。

图书在版编目（CIP）数据

微课学Dreamweaver CC网页设计与网站组建 / 高鹏编著. -- 北京 : 清华大学出版社, 2025. 4. -- （清华电脑学堂）. -- ISBN 978-7-302-68142-7

Ⅰ. TP393.092.2

中国国家版本馆CIP数据核字第202520PW83号

责任编辑：张 敏
封面设计：郭二鹏
责任校对：胡伟民
责任印制：曹婉颖

出版发行：清华大学出版社
　　　网　　　　址：https://www.tup.com.cn，https://www.wqxuetang.com
　　　地　　　　址：北京清华大学学研大厦A座　　　邮　　编：100084
　　　社　总　　机：010-83470000　　　　　　　　邮　　购：010-62786544
　　　投稿与读者服务：010-62776969，c-service@tup.tsinghua.edu.cn
　　　质　量　反　馈：010-62772015，zhiliang@tup.tsinghua.edu.cn
　　　课　件　下　载：https://www.tup.com.cn，010-83470236
印　装　者：涿州汇美亿浓印刷有限公司
经　　　销：全国新华书店
开　　　本：170mm×240mm　　　印　　张：14.75　　　字　　数：380千字
版　　　次：2025年4月第1版　　　印　　次：2025年4月第1次印刷
定　　　价：99.00元

产品编号：090104-01

前言

随着互联网技术的飞速发展，网络已经深深融入我们的日常生活，成为我们与社会紧密相连的纽带，同时也是我们获取信息的主要渠道。当我们在浏览网页时，那些独具匠心的设计往往会让我们为之驻足，心中不禁升起一股对网页制作背后奥秘的好奇。本书正是为了满足这份好奇，带领读者走进网页设计的世界，学习如何打造既精美又实用的网站，让自己的创意与才华在数字世界中得以绽放。

Dreamweaver 作为一款卓越的网页编辑软件，致力于 Web 站点、Web 页面，以及 Web 应用程序的全方位设计、编码与开发。它凭借其直观的可视化编辑功能和强大的编码环境，为各个层次的网页创作者提供了无与伦比的 Web 创作体验。本书旨在引领读者快速掌握网页设计制作的精髓，无论是初学者还是寻求深化理解的资深设计师，都能通过本书的学习，领略到 Dreamweaver CC 的强大魅力，进而在网页设计的道路上取得卓越的成果。

本书内容

本书内容充实、结构严谨，从网页设计的核心理念出发，为读者揭示了一种全新的设计哲学。每个知识点均辅以精心挑选的案例，进行深入而详尽的解读，确保读者能够全面理解和掌握。书中循序渐进地引导读者探索 Dreamweaver CC 软件的各项功能，不仅让读者在学习过程中获得扎实的理论基础，更能在实际操作中灵活应用，真正做到学以致用，将所学知识转化为实际的网页设计能力。本书章节安排如下：

第 1 章　认识 Dreamweaver 与创建站点，深入剖析 Dreamweaver 的核心知识与站点的创建技巧，旨在引导读者迈出使用 Dreamweaver 进行网页设计的坚实第一步。

第 2 章　从 HTML 到 HTML5，深入浅出地带领读者领略 HTML 和 HTML5 的精髓，让读者对 HTML 的发展历程有一个全面的了解。同时，还将探讨 HTML5 与 HTML 之间的相似之处，以及 HTML5 所带来的显著改进和创新，帮助读者更好地理解并掌握 HTML。

第 3 章　精通 CSS 样式，引领读者探索 CSS 样式的奥秘，涵盖 CSS 选择器、属性及 CSS 3.0 的新增属性。只有熟练掌握 CSS 样式的创建与设置，方能游刃有余地打造各类风格的网站页面。

第 4 章　Div+CSS 网页布局，引领读者深入了解并运用 Div+CSS 的网页布局策略，掌握其中的方法与技巧。使读者能够熟练运用这些工具，打造出既符合 Web 标准又兼具艺术美感的网页布局。

第 5 章　插入文本元素，指导读者如何在网页中嵌入头部信息、普通文本内容，并教授大家如何插入那些独特的文本元素和条理分明的列表，以帮助大家掌握构建文本丰富、引人入胜的网页所需的精湛技艺和实用方法。

第 6 章　插入图像和多媒体元素，将向读者介绍如何在网页中插入图像和 Flash 动画、声音、视频等多媒体元素。

第 7 章 设置网页链接，引领读者深入探索网页中各类超链接的创建与设置技巧，同时，还将详细解析超链接的 4 种伪类状态，让读者能够借助 CSS 样式为超链接赋予更加丰富的视觉表现，从而打造出既实用又美观的网页链接效果。

第 8 章 插入表单元素，引领读者深入探索如何在网页中巧妙地插入各种表单元素。通过一系列典型表单页面的构建实例，读者将掌握表单元素的使用精髓与技巧，让网页的交互更加流畅，信息的收集更加高效。

第 9 章 网站综合案例，通过 3 个不同类型的商业网站案例的制作练习，巩固使用 Dreamweaver 制作网站页面的方法和技巧。

本书特点

本书内容丰富、条理清晰，通过 9 章内容，为读者全面、系统地介绍了各种网页设计知识，以及使用 Dreamweaver CC 进行网页设计制作的方法和技巧，采用理论知识和案例相结合的方法，使知识融会贯通。

- 语言通俗易懂，精美案例图文同步，涉及大量网页设计的丰富知识讲解，帮助读者深入了解网页设计。
- 实例涉及面广，几乎涵盖网页设计中所在的各个领域，每个领域下通过大量的设计讲解和案例制作帮助读者掌握领域中的专业知识点。
- 注重设计知识点和案例制作技巧的归纳总结，知识点和案例的讲解过程中穿插了大量的软件操作技巧和提示等，使读者更好地对知识点进行归纳吸收。
- 每个案例的制作过程，都配有相关微视频教程和素材，步骤详细，使读者轻松掌握。

附赠资源

本书赠送所有实例的源文件和制作所需素材、PPT 课件和微视频教程，以帮助读者更好地学习相关内容，读者扫描下方二维码即可获取相关资源。

源文件和素材

PPT 课件

微视频教程

本书作者

本书由高鹏编著，由于时间较为仓促，书中难免有疏漏之处，在此敬请广大读者朋友批评、指正。

编者

目录

第 1 章
认识 Dreamweaver 与创建站点

    Dreamweaver 自诞生之初，便确立了其作为网页制作工具的标杆地位，广受业界赞誉。众所周知，每个卓越的网站都源于一个坚实的起点——站点的构建。构建完善的站点，梳理清晰的结构与脉络，对于网站的长期发展和用户体验具有不可替代的重要性。本章将深入剖析 Dreamweaver 的核心知识与站点的创建技巧，旨在引导读者迈出使用 Dreamweaver 进行网页设计的坚实第一步。

学习目标

  1. 知识目标
- 了解网页与网站的区别。
- 了解网页设计的相关术语。
- 认识 Dreamweaver CC 工作界。
- 了解站点文件的基本操作方法。
- 理解站点的管理控制器作。

  2. 能力目标
- 能够掌握 Dreamweaver 的基本操作方法。
- 能够创建本地静态站点。
- 能够对站点的远程服务器进行设置。
- 能够使用"文件"面板对站点文件进行管理。

  3. 素质目标
- 掌握网页设计与制作的专业基础知识和核心技能。
- 具备熟练运用相关工具软件和技术的能力。

1.1 网页概述

    网页，本质上是一个文件，静静地栖息在世界某个角落的计算机上，这台计算机必须是互联网的节点之一。通过独一无二的网址（Url），可以准确地找到并访问这些网页。当用户在浏览器的地址栏中输入一个网址，一场迅速而精密的传输之旅便即刻启航。在一系列高效的网络交互与数据传输之后，网页文件会准确无误地传送至用户的计算机。随后，浏览器会承担起解读网页内容的重任，将其中的文字、图片、视频等元素转化为可视化的形式，最终呈现给用户一个丰富多彩的网页界面。未经特殊后台程序处理的网页，通常是以 HTML 格式存在的，其文件扩展名一般为 .html 或 .htm，承载着网页的基础结构与内容。

在浏览器的地址栏中输入 *www.qq.com* 就可以进入"腾讯"网站主页，如图 1-1 所示。在网页上右击，在弹出的快捷菜单中选择"查看页面源代码"命令，可以在新打开的浏览器选项卡窗口中看到网页的 HTML 代码内容，如图 1-2 所示。

图 1-1　输入网页 Url 地址　　　　　　　　图 1-2　查看网页 HTML 代码

可以看到，网页实际上是一个纯文本文件，它通过各式各样的标记对页面上的文字、图片、表单、视频等元素进行描述（如字体、颜色、大小）。浏览器的作用是将这些标记进行解释并生成页面，以方便普通用户浏览。

1.1.1　网页设计与网页制作

网页设计和网页制作有什么区别和联系呢？

首先来看看如下两则招聘广告。

甲网络公司：精通 Dreamweaver、Photoshop 等网页制作软件，能够手工修改源代码，熟练使用 Photoshop 等图形设计软件，有网站维护工作经验者优先。

乙网络公司：美术设计专业毕业，五年以上相关专业工作经验，精通现今流行的各种平面设计、动画和网页制作技术。

这两个招聘广告是在众多信息中挑出的，具有代表性，对网页制作的定位可以说是各有千秋。甲网络公司的着重点在能够编写网页上；乙网络公司则更倾向于要求应聘者具有一定水准的美术功底。

这样可以试着给网页设计与网页制作做出如下定义：

网页制作 = 网页技术

网页设计 = 网页技术 + 网页设计

看了以上两个公式就明白了，网页设计师所需要的技能显然更加全面，优秀的网页设计师肯定是网页技术高手和设计高手的结合，也就是说应该做到"网页设计"和"网页技术"两手抓，这样制作出来的网页才既具备众多交互性能和动态效果，也具有形式上的美感。

另外，我们说网页"设计"而不是网页"制作"，因为设计是一个思考的过程，而制作只是将思考的结果表现出来。成功的网页首先需要优秀的设计，然后辅之优秀的制作。设计是网页的核心和灵魂，一个相同的设计可以有多种制作表现的方式。

有许多企业现在已不再设立专门的网页制作职位，不过对于那些想要进入网页设计行业而又欠缺经验的朋友来说，从这个职位做起是最好的选择。

1.1.2　网页设计术语

下面介绍一些与网页设计相关的术语，只有了解了网页设计的相关术语，才能制作出具有艺术性和技术性的网页。

1. 因特网

因特网的英文为 Internet，是一个由全球范围内无数台计算机交织而成的庞大网络。一旦某台计算机接入这个网络，它便即刻融入了这个无垠的虚拟世界，成为因特网不可或缺的一部分。网络的世界没有国界的限制，它像一张巨大的织网，将全球各地的信息节点紧密相连。通过因特网，人们可以轻松地传递文件、分享信息，将这些宝贵的资源送达到世界上任何一个角落。同时，也可以随时接收来自世界各地的实时信息，感受不同文化、不同领域的独特魅力。

2. 浏览器

浏览器作为计算机中不可或缺的一种软件，其主要功能是便捷地浏览和查看网页内容。对于每个因特网用户而言，安装浏览器是获取网页信息的必经之路，就如同电视机是观看电视节目的基础设备一般。如今，在广泛使用的 Windows 操作系统中，浏览器往往作为预装软件存在，为用户提供即时的网络浏览体验，极大地方便了用户获取和交互网络信息的过程。

3. 网页

网页的英文名称为 Web Page，随着科技的日新月异，互联网已深深地融入人们的工作与生活之中，发挥着重要作用。接入互联网后，启动浏览器窗口，输入网址，即可浏览网页。

4. 网站

网站的英文名为 Web Site，简而言之，即为多个网页的精心编排与集合。这个集合中，通常包含一个引人注目的首页，以及若干个各具特色的分页。那么，何为首页呢？首页是用户访问该网站时首先映入眼帘的页面，如同门户一般，引领着用户深入探索网站的内容。除了首页，其余的网页则被称为分页，它们或补充首页的内容，或展现更为细致、深入的专题信息。然而，网站并非网页的简单堆砌，真正的魅力在于其内容的丰富性和结构的合理性。

5. URL

URL 是 Universal Resource Locator 的缩写，我们习惯称之为"全球资源定位器"。Url 扮演着网页在浩瀚互联网中"门牌号"的角色。每当用户渴望访问某个特定的网站时，只需在浏览器的地址栏中输入该网站的 Url，它便能引领用户直达该网站的页面，让用户在网络的海洋中畅游无阻。例如，"腾讯"网站的 Url 是 www.qq.com。

6. HTTP

HTTP 是 Hypertext Transfer Protocol 的缩写，中文称之为"超文本传输协议"，是当下最为普及的网络通信协议之一。每当用户意图访问某个特定的网页时，HTTP 便是不可或缺的桥梁。不论采用何种网页编辑工具来创建内容，无论为网页添加何种资料，也无论使用的是哪款浏览器，只要通过 HTTP，都能确保获得准确无误的网页呈现效果。这一协议的普遍性和兼容性，确保了网络世界的互联互通和信息的准确传递。

7. TCP/IP

TCP/IP 是 Transmission Control Protocol/Internet Protocol 的缩写，中文称为"传输控制协议 / 网络协议"。TCP/IP 是因特网通信的基石，作为全球互联网所采用的标准协议，其普遍性和兼容性赋予了各种系统和平台无缝接入因特网的能力。只要设备遵循 TCP/IP，无论其运行的是何种系统或平台，都能在因特网的世界中自由穿梭，畅通无阻。

8. FTP

FTP 是 File Transfer Protocol 的缩写，中文称为"文件传输协议"。作为与 HTTP 并列的一种 Url 地址使用协议，FTP 专门用于指定因特网上特定资源的传输。当 HTTP 专注于引领我们链接至丰富多彩的网页时，FTP 则致力于在因特网的海洋中高效、稳定地上传或下载文件。

9. IP 地址

IP 地址是分配给网络上计算机的一组由 32 位二进制数值组成的编号，来对网络中的计算机进行标识，为了方便记忆地址，采用了十进制标记法，每个数值小于或等于 225，数值中间用"."隔开，一个 IP 地址相对一台计算机并且是唯一的，这里提醒大家注意的是，所谓的唯一是指在某一时间内唯一，如果使用动态 IP，那么每次分配的 IP 地址是不同的，这就是动态 IP，在使用网络的这一时段内，这个 IP 是唯一地指向正在使用的计算机的；另一种是静态 IP，它是固定将这个 IP 地址分配给某计算机使用的。网络中的服务器就是使用的静态 IP。

IP 地址，作为一串数字组合，对于人们来说记忆起来并不直观且稍显烦琐。为了更便于记忆和识别，为每台计算机赋予了一个独特且具有代表性的名称，即主机名。主机名通常由英文字母或数字组成，它们简洁而富有意义，能够迅速引起人们的注意和联想。

10. 域名

域名是将主机名与对应的 IP 地址进行映射的桥梁。通过域名系统（DNS），人们能够将复杂的 IP 地址转换为直观易记的域名，从而大大简化了网络访问的过程。域名的出现，不仅方便了人们的记忆和使用，还提高了网络访问的效率和便捷性。

11. 静态网页

静态网页并非指网页内容完全静止不动，而是相对于动态网页而言的一个概念。静态网页主要指的是在浏览器与服务器之间不发生实时交互的网页。尽管静态网页中可以包含动画、图像等动态元素，但这些元素的变化并不依赖于服务器端的实时数据处理或交互。

12. 动态网页

动态网页相较于静态网页，不仅包含后者所具备的各类元素，还融合了丰富的应用程序。这些应用程序的核心在于实现浏览器与服务器之间的实时交互。每当用户与网页进行互动，如单击按钮、提交表单等，都会触发服务器端的响应。这种响应的执行，依赖于服务器中运行的应用程序服务器，它能够处理用户的请求，执行相应的程序逻辑，将结果动态地生成并返回给浏览器，从而为用户呈现一个更加灵活、交互性强的网页体验。

1.2 Dreamweaver 工作界面

Dreamweaver 是由 Adobe 公司精心打造的软件，专为网站设计与开发领域提供全方位解决方案。Dreamweaver 汇聚了强大的可视化布局工具、应用开发功能和代码编辑支持，为设计和开发人员铺设了一条高效且专业的道路，助力他们轻松创建符合 Web 标准的网站和应用。无论是初涉网页设计的探索者，还是资深的 Web 开发专家，Dreamweaver 都能以其前瞻性的设计理念和强大的软件性能，为我们的工作提供坚实而可靠的支撑。

1.2.1 启动 Dreamweaver

完成 Dreamweaver 软件的安装之后，在 Windows 开始菜单中会自动添加 Dreamweaver 启动选项，通过该选项就可以启动 Dreamweaver。

在 Windows 开始菜单中选择 Adobe Dreamweaver 2021 选项，如图 1-3 所示，将显示 Dreamweaver 2021 软件启动界面，如图 1-4 所示。

Dreamweaver 2021 软件启动完成后，将显示"主页"窗口，为用户提供了创建和打开项目文件的快捷操作选项，如图 1-5 所示。在 Dreamweaver 中新建或打开一个网页文件，即可进入 Dreamweaver 软件的工作界面，如图 1-6 所示。

如果需要退出 Dreamweaver，可以直接单击 Dreamweaver 工作界面右上角的"关闭"图标，或者执行"文件 > 退出"命令。在退出软件时，如果当前有没有保存的文件，则会弹出文件保存提示，用户进行文件保存操作或放弃保存之后，才能退出 Dreamweaver。

图 1-3　选择 Adobe Dreamweaver 2021 选项

图 1-4　Adobe Dreamweaver 2021 启动界面

图 1-5　"主页"窗口

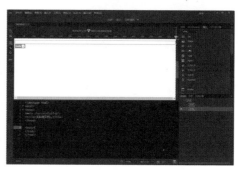
图 1-6　Dreamweaver 工作界面

1.2.2　认识 Dreamweaver 工作界面

Dreamweaver 提供了一个将全部元素置于一个窗口中的集成布局。在集成的工作区中，全部窗口和面板都被集成到一个更大的应用程序窗口中，如图 1-7 所示，使用户可以查看文档和对象属性，还将许多常用操作放置于工具栏中，使用户可以快速更改文档。

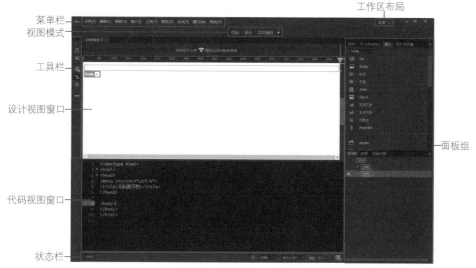
图 1-7　Dreamweaver 工作界面

提示

Dreamweaver 提供了多种文档视图方式供用户进行选择，在"视图模式"选项中选择"代码"选项，可以进入全代码编辑模式，在 Dreamweaver 中只显示代码编辑窗口；选择"拆分"选项，可以进入拆分视图模式，上半部分显示"实时视图"或"设计视图"，下半部分显示代码视图；选择"实时视图"选项，则可以进入实时视图模式，在 Dreamweaver 中只显示实时视图窗口；单击下三角形图标，在弹出的菜单中选择"设计"选项，则可以进入设计视图模式，在 Dreamweaver 中只显示设计视图窗口。

图 1-8　"插入"面板

1.2.3　"插入"面板

网页的内容虽然多种多样，但是都可以被称为对象，简单的对象有文字、图像和表格等，复杂的对象包括导航条和程序等。

在 Dreamweaver 2021 中改进了"插入"面板，对插入到网页中的元素进行了重新分类，提供了许多全新的网页元素并移除了许多不实用的网页元素。大部分对象都可以通过"插入"面板插入到页面中。"插入"面板如图 1-8 所示。

在面板名称下方有一个下拉列表，在该下拉列表中可以选择需要在"插入"面板中显示的元素类别，如图 1-9 所示。

HTML：在该选项卡中提供了网页中除表单元素之外的几乎所有元素的插入按钮，并分类进行排列。

第一部分是 HTML 页面中常用元素的插入按钮，包括 Div、图像和表格等，如图 1-10 所示。

第二部分是 HTML5 文档结构标签按钮，通过这些按钮可以在光标所在位置插入相应的 HTML5 文档结构标签，如图 1-11 所示。

图 1-9　类别下拉列表

图 1-10　HTML 常用元素

图 1-11　HTML5 文档结构元素

第三部分是 HTML 文档头信息的相关标签按钮，通过这些按钮可以在 HTML 文档中插入关键字、说明等头信息内容，如图 1-12 所示。

第四部分是 HTML 多媒体元素的插入按钮，包括视频、音频和 Canvas 等，如图 1-13 所示。

第五部分是 HTML 页面中的 IFRAME 框架和水平线插入标签，如图 1-14 所示。

图 1-12　HTML 头信息元素　　　　图 1-13　HTML 多媒体元素　　　图 1-14　IFRAME 框架和水平线

　　表单：在该选项卡中提供了 HTML 页面中所有表单元素的插入按钮，包括 HTML5 新增的表单元素，如图 1-15 所示。

图 1-15　HTML 表单元素

　　Bootstrap 组件：在该选项卡中提供了响应迅速的 CSS 和 HTML 组件元素，包括按钮、表单、导航、图像旋转视图，以及可能会在网页上使用的其他元素，如图 1-16 所示。

图 1-16　Bootstrap 组件元素

　　jQuery Mobile：在该选项卡中提供了一系列针对移动设备页面开发的按钮，包括页面、列表视图和布局网格等，如图 1-17 所示。
　　jQuery UI：在该选项卡中提供了以 jQuery 为基础的开源 JavaScript 网页用户界面代码库，如图 1-18 所示。

图 1-17　jQuery Mobile 元素

图 1-18　jQuery UI 元素

　　收藏夹：该选项卡用于收藏用户自定义的 HTML 元素创建按钮，默认情况下该类别中没有对象，用户可以根据自己的使用习惯将自己常用的 HTML 元素创建按钮添加到该类别中，如图 1-19 所示。

　　隐藏标签：选择该选项，可以隐藏"插入"面板中各 HTML 元素按钮后的标签提示，只显示插入按钮，如图 1-20 所示。当选择了"隐藏标签"选项后，该选项将变为"显示标签"选项，如图 1-21 所示，选择该选项，将恢复默认的显示标签效果。

图 1-19　"收藏夹"类别

图 1-20　隐藏标签效果

图 1-21　"显示标签"选项

提示

　　每个对象都是一段 HTML 代码，允许用户在插入对象时设置不同的属性。例如，用户可以在"插入"面板中单击 Div 按钮，插入一个 Div。当然，也可以不使用"插入"面板而使用"插入"菜单来插入页面元素。

1.2.4　状态栏

　　状态栏位于"文档"窗口底部，提供与正在创建的文档有关的其他信息，如图 1-22 所示。

网页错误提示　　　窗口大小　　代码位置

标签选择器　　　　　　　　　　　　代码类型　　　　代码编写模式　　预览

图 1-22　状态栏

　　标签选择器：显示环绕当前选定内容的标签的层次结构。单击该层次结构中的任何标签，可以选择该标签及其全部内容。单击 <body>，可以选择文档的整个正文。

网页错误提示：Dreamweaver 能够自动对网页中的 HTML 代码进行检测，当 HTML 代码运行正确时，此处显示绿色对号符号，当 HTML 代码运行出现错误时，此处显示红色叉号符号。

代码类型：在该下拉列表中可以选择当前所编辑文档的代码类型，Dreamweaver 为所编辑代码类型的不同，提供了不同的代码配色方式和代码提示。

窗口大小：显示当前设计视图中窗口部分的尺寸，单击，在弹出的菜单中提供了一些常用的页面尺寸大小，如图 1-23 所示。

代码编写模式：INS 表示 Dreamweaver 中代码为插入模式，即在光标所在位置插入所输入的代码内容。在该文字上单击，可以将代码编写模式切换为 OVR，OVR 表示覆盖模式，即在光标所在位置输入的代码内容会向后进行覆盖。

代码位置：此处显示当前元素在 HTML 代码中的位置，前一个数值表示在第几行代码，后一个数值表示第几个字符。

"预览"按钮 ：单击该按钮，可以在弹出的菜单中选择一种用户预览网页的浏览器，如图 1-24 所示。这时即可在所选择的浏览器中浏览当前编辑的页面。

图 1-23　"窗口大小"弹出菜单　　图 1-24　"预览"弹出菜单

1.3　网页文件的基本操作

Dreamweaver 的文件操作是制作网页的最基本操作，包括网页文件的新建、打开、保存、关闭和预览等，本节将介绍网页文件的基本操作方法。

1.3.1　新建网页

启动 Dreamweaver，执行"文件 > 新建"命令，弹出"新建文件"对话框，如图 1-25 所示。"新建文档"对话框由"空白页""启动器模板"和"网站模板"3 个选项卡组成。

技巧

除了可以通过执行"文件 > 新建"命令，打开"新建文档"对话框外，在刚打开 Dreamweaver 时，在"主页"窗口中单击"新建"按钮，同样可以弹出"新建文档"对话框。

空白页：在"空白页"选项卡中可以新建基本的静态网页和动态网页，其中最常用的就是 HTML 选项。

当用户在"文档类型"列表中选择 HTML 选项时，在右侧"框架"

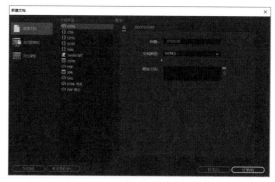

图 1-25　"新建文档"对话框

选项区中可以选择所新建的 HTML 页面是否基于 BOOTSTRAP 框架，如果新建的是基于 BOOTSTRAP 框架的 HTML 页面，可以选择 BOOTSTRAP 选项，可以对 BOOTSTRAP 框架的相关选项进行设置，如图 1-26 所示。

当用户在"文档类型"列表中选择除 HTML 选项之后的其他文档类型选项时，在对话框右侧会显示"布局"列表、预览区域和描述区域，如图 1-27 所示。

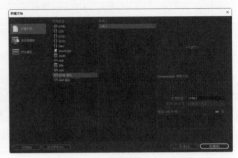

图 1-26　BOOTSTRAP 框架选项卡　　　　图 1-27　"新建文档"对话框

启动器模板：切换到"启动器模板"选项卡，在该选项卡中提供了"基本布局""Bootstrap 模板""响应式电子邮件""快速响应启动器"4 种启动器模板，选择一种启动器模板选项，在"示例页"列表中选择其中一个示例，即可创建相应的启动器模块页面，如图 1-28 所示。

网站模板：切换到"网站模板"选项卡，可以创建基于各站点中的模板的相关页面，在"站点"列表中可以选择需要创建基于模板页面的站点，在"站点的模板"列表中列出了所选中站点中的所有模板页面，选中任意一个模板，单击"创建"按钮，即可创建基于该模板的页面，如图 1-29 所示。

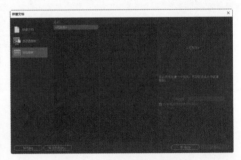

图 1-28　"启动器模板"选项卡　　　　图 1-29　"网站模板"选项卡

在"新建文档"对话框中选择需要新建的文档类型之后，单击"确定"按钮，即可创建指定类型的文档，并进入该文档的编辑状态。

图 1-30　"另存为"对话框

1.3.2　保存网页

在 Dreamweaver 中制作了精美的网页之后，需要将其保存，才能在浏览器中预览。

如果需要保存当前编辑的网页，可以执行"文件＞保存"命令，弹出"另存为"对话框，如图 1-30 所示。设置文件名，并设置文件的保存位置，单击"保存"按钮，即可保存当前文档。

提示

　　如果当前编辑的网页文件以前保存过，则执行"文件 > 保存"命令，将直接覆盖原来的文件，而不会弹出"另存为"对话框。

1.3.3　打开网页

　　如果需要在 Dreamweaver 中编辑网页文件，就必须先在 Dreamweaver 中打开该网页文件。Dreamweaver 可以打开多种格式的网页文件，它们的扩展名分别为 .html、.shtml、.asp、.js、.xml、.as、.css、.js 等。

　　在 Dreamweaver 中执行"文件 > 打开"命令，或者在"主页"窗口中单击"打开"按钮，将弹出"打开"对话框，如图 1-31 所示。"打开"对话框和其他的 Windows 应用程序类似，包括"查找范围"列表框、导航、视图按钮、文件名输入框及文件类型列表框等。在文件列表中选择需要打开的网页文件，单击"打开"按钮，即可在 Dreamweaver 中打开网页文件，如图 1-32 所示。

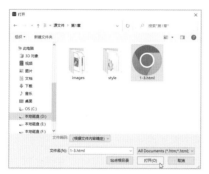
图 1-31　"打开"对话框

图 1-32　在 Dreamweaever 中打开网页

1.3.4　预览网页

　　在 Dreamweaver 中完成了网页的制作或编辑，可以预览网页的效果，这里包括在浏览器中预览和使用 Dreamweaver 中的"实时视图"功能预览。

　　网页制作完成后，可以单击状态栏右侧的"预览"按钮，在弹出的下拉菜单中选择一种浏览器进行预览，如图 1-33 所示，即可弹出所选择的浏览器窗口，并在该浏览器窗口中打开当前网页，效果如图 1-34 所示。

图 1-33　选择浏览网页的浏览器

图 1-34　在 Edge 浏览器中预览网页

　　为了更快捷地制作页面，Dreamweaver 提供了实时预览功能，可以在菜单栏下方的"视图模式"中单击"实时视图"按钮，如图 1-35 所示，即可在 Dreamweaver 中预览网页在浏览器中的显示效果，如图 1-36 所示。

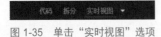

图 1-35 单击"实时视图"选项　　　　　　　图 1-36 在实时视图中预览网页

1.4 创建站点

无论是一个网页制作的新手，还是一个专业的网页设计师，都要从构建站点开始，厘清网站结构的脉络。当然，不同的网站有不同的结构，功能也不会相同，所以，一切都是按照需求组织站点的结构的。

1.4.1 【课堂任务】：创建本地静态站点

素材文件：无　　案例文件：无

案例要点：掌握在 Dreamweaver 中创建本地静态站点的方法

Step 01 执行"站点 > 新建站点"命令，弹出"站点设置对象"对话框，如图 1-37 所示。在"站点名称"文本框中输入站点的名称，单击"本地站点文件夹"文本框后的"浏览"按钮，弹出"选择根文件夹"对话框，浏览到本地站点的位置，如图 1-38 所示。

图 1-37 "站点设置对象"对话框　　　　　图 1-38 "选择根文件夹"对话框

Step 02 单击"选择"按钮，确定本地站点根目录的位置，"站点设置对象"对话框如图 1-39 所示。单击"保存"按钮，即可完成本地站点的创建，执行"窗口 > 文件"命令，打开"文件"面板，在"文件"面板中显示刚刚创建的本地站点，如图 1-40 所示。

提示

在大多数情况下，都是在本地站点中编辑网页，再通过 FTP 上传到远程服务器。在 Dreamweaver 中创建本地静态站点的方法更加方便和快捷。

图 1-39　"站点设置对象"对话框

图 1-40　"文件"面板

1.4.2　设置站点服务器

在"站点设置对象"对话框中选"服务器"选项，可以切换到"服务器"选项卡，如图 1-41 所示，在该选项卡中可以指定远程服务器和测试服务器。

在 Dreamweaver 中提供了 6 种连接远程服务器的方式，分别是"FTP""SFTP""基于 SSL/TLS 的 FTP（隐式加密）""基于 SSL/TLS 的 FTP（显式加密）""本地 / 网络"和"WebDAV"。

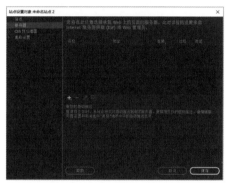

图 1-41　"服务器"选项卡

单击"添加新服务器"按钮▇，将弹出"服务器设置"窗口，大多数情况下都是通过 FTP 的方式来连接到远程服务器。FTP 是目前最常用的连接远程服务器的方式，其设置窗口如图 1-42 所示。

无论选择哪种连接方式连接远程服务器，在其相关的设置对话框中都有一个"高级"选项卡，无论选择哪种连接方式，其"高级"选项卡中的选项都是相同的，切换到"高级"选项卡，如图 1-43 所示。

图 1-42　站点服务器"基本"选项卡

图 1-43　"高级"选项卡

1.4.3　【课堂任务】：创建企业站点并设置远程服务器

素材文件：无　　　案例文件：无

案例要点：掌握在 Dreamweaver 中创建站点并设置远程服务器的方法

Step 01 执行"站点 > 新建站点"命令，弹出"站点设置对象"对话框，在"站点名称"对话框中输入站点的名称，单击"本地站点文件夹"后的"浏览"按钮🗁，弹出"选择根文件夹"对话框，浏览到站点的根文件夹，如图 1-44 所示。单击"选择文件夹"按钮，选定站点根文件夹，如图 1-45 所示。

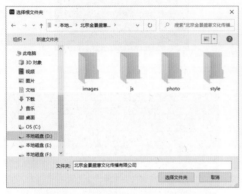

图 1-44　"选择根文件夹"对话框　　　　　　　图 1-45　设置-"站点"相关选项

Step 02 切换到"服务器"选项卡，如图 1-46 所示。单击"添加新服务器"按钮➕，在弹出的窗口中对远程服务器的相关信息进行设置，如图 1-47 所示。

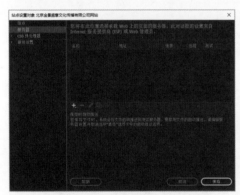

图 1-46　"服务器"选项卡　　　　　　　　　图 1-47　设置远程服务器相关信息

提示

　　此处使用的是一个免费的公共 FTP 服务器空间地址，所以并不需要设置 FTP 的用户名和密码即可直接访问该 FTP。如果是购买的 FTP 服务器，都会为用户提供相应的 FTP 服务器地址、用户名和密码，需要输入相应的用户名和密码才能够正常访问。

Step 03 单击"测试"按钮，显示正在与设置的远程服务器连接，连接成功后，弹出提示对话框，提示"Dreamweaver 已成功连接您的 Web 服务器"，如图 1-48 所示。切换到"高级"选项卡，在"服务器模型"下拉列表中选择 PHP MySQL 选项，如图 1-49 所示。

图 1-48　显示与远程服务器连接成功　　　　　　图 1-49　设置"高级"选项

Step 04 单击"保存"按钮，完成"添加新服务器"对话框的设置，如图 1-50 所示。单击"保存"按钮，完成企业站点的创建，"文件"面板将自动切换为刚创建的站点，如图 1-51 所示。

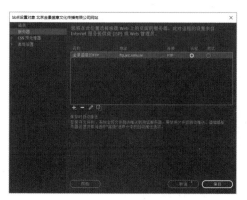

图 1-50　"服务器"选项　　　　　　　　　　图 1-51　"文件"面板

> **提示**
>
> 在创建站点的过程中定义远程服务器是为了方便本地站点随时能够与远程服务器相关联，上传或下载相关的文件。如果用户希望在本地站点中将网站制作完成再将站点上传到远程服务器，则可以不定义远程服务器，待需要上传时再定义。

1.5　站点文件的基本操作

在创建网站之前，需要对整个网站的结构进行规划，目标就是结构清晰，这可以节约网站建设者的宝贵时间，不至于出现众多相关联的文件都分布在众多相似名称的文件夹中的情况。

通过"文件"面板，可以对本地站点的文件夹和文件进行创建、删除、移动和复制等操作，还可以编辑站点。

1.5.1　创建页面

在 Dreamweaver 中创建网页的方法有很多，除了可以执行"文件 > 新建"命令，在弹出

图 1-52　选择"新建文件"选项　　图 1-53　创建的新文件

的"新建文档"对话框中创建页面外，还可以在"文件"面板中直接创建页面。

在"文件"面板中的站点根目录上右击，在弹出的快捷菜单中选择"新建文件"命令，如图 1-52 所示，即可在当前站点的根目录新建一个 HTML 页面，并自动进入该网页文件的重命名状态，如图 1-53 所示。

技巧

在"文件"面板中新建页面，需要在某个文件夹上右击，在弹出的快捷菜单中选择"新建文件"命令，则新建的页面就位于该文件夹中。如果在站点的根目录上右击，在弹出的快捷菜单中选择"新建文件"命令，则新建的页面会位于站点的根目录中。

1.5.2　创建文件夹

建立文件夹的过程实际上就是构思网站结构的过程，很多情况下文件夹代表网站的子栏目，每个子栏目都要有自己对应的文件夹。

图 1-54　选择"新建文件夹"命令　　图 1-55　创建的新文件夹

在"文件"面板中的站点根目录上右击，在弹出的快捷菜单中选择"新建文件夹"命令，如图 1-54 所示。即可在当前站点的根目录中新建一个文件夹，并且自动进入该文件夹的重命名状态，如图 1-55 所示。

提示

随着站点的扩大，文件的数量还会增加。创建文件夹主要是为了方便管理，建立文件夹时也应该以此为原则。有的文件夹用来存放图片，如 pics、images 等文件夹；有的文件夹是作为子目录，存放网页等文件，如 content 等文件夹；有的文件夹是 Dreamweaver 自动生成的，如 Templates 和 Libraries 文件夹。

技巧

除了可以在"文件"面板中创建文件夹，还可以直接在本地站点所在的文件夹中使用 Windows 中创建文件夹的方法新建一个文件夹。

1.5.3　移动和复制文件或文件夹

从"文件"面板的本地站点文件列表中选中需要移动或复制的文件（或文件夹）；如果要

进行移动操作，可以执行"编辑 > 剪切"命令；如果要进行复制操作，可以执行"编辑 > 复制"命令；执行"编辑 > 粘贴"命令，可以将文件或文件夹移动或复制到相应的文件夹中。

使用鼠标拖动的方法，也可以实现文件或文件夹的移动操作，其方法如下：先从"文件"面板的本地站点文件列表中选中需要移动或复制的文件或文件夹，再拖动选中的文件或文件夹，将其移动到目标文件夹中，然后释放鼠标，如图 1-56 所示。

图 1-56 移动网页文件

1.5.4 重命名文件或文件夹

给文件或文件夹重命名的操作十分简单，使用鼠标选中需要重命名的文件或文件夹，然后按 F2 键，文件名即变为可编辑状态，如图 1-57 所示，在其中输入文件名，再按 Enter 键确认即可。

提示

无论是重命名还是移动，都应该在 Dreamweaver 的"文件"面板中进行，因为"文件"面板有动态更新链接的功能，可以确保站点内部不会出现链接错误。与大多数文件管理器一样，可以利用剪切、复制和粘贴操作来实现文件或文件夹的移动和复制。

图 1-57 文件重命名操作

1.5.5 删除文件或文件夹

要从本地站点文件列表中删除文件，可以先选中需要删除的文件或文件夹，然后在其右键菜单中选择"编辑 > 删除"命令或按 Delete 键，这时会弹出一个提示对话框，询问是否要真正删除文件或文件夹，单击"是"按钮确认后，即可将文件或文件夹从本地站点中删除。

1.6 管理站点

在 Dreamweaver 中可以创建多个站点，这就需要用专门的工具来完成站点的切换、添加和删除等站点管理操作。执行"站点 > 管理站点"命令，弹出"管理站点"对话框，通过该对话框可以对站点进行管理操作。

1.6.1 站点的切换

使用 Dreamweaver 编辑网页或进行网站管理时，每次只能操作一个站点。在"文件"面板上方的下拉列表中选择已经创建的站点，如图 1-58 所示，就可以切换到对这个站点进行操作的状态。

另外，还可以在"管理站点"对话框中选中需要切换到的站点，如图 1-59 所示，单击"完成"按钮，这样在"文件"面板中就会显示选择的站点。

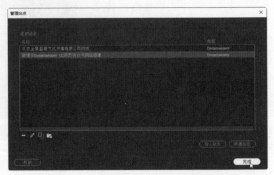

图 1-58　在"文件"面板中切换站点　　　　图 1-59　在"管理站点"对话框中切换站点

1.6.2　"管理站点"对话框

在 Dreamweaver 中对站点的所有管理操作都可以通过"管理站点"对话框来实现，执行"站点 > 管理站点"命令，弹出"管理站点"对话框，如图 1-60 所示。在该对话框中可以实现站点的编辑、复制、删除、导出等多种站点管理操作。

选择需要删除的站点，单击"删除当前选定的站点"按钮■，弹出提示对话框，单击"是"按钮，即可删除当前选中的站点；选择需要编辑的站点，单击"编辑当前选定的站

图 1-60　"管理站点"对话框

点"按钮✐，弹出"站点设置对象"对话框，在该对话框中可以对选中的站点信息进行修改；单击"复制当前选定的站点"按钮▣，即可复制选中的站点并得到该站点的副本；单击"导出当前选定的站点"按钮▣，弹出"导出站点"对话框，选择导出站点的位置，在"文件名"文本框中为导出的站点文件设置名称，如图 1-61 所示，单击"保存"按钮，即可将选中的站点导出为一个扩展名为 .ste 的 Dreamweaver 站点文件。

单击"导入站点"按钮，弹出"导入站点"对话框，在该对话框中选择需要导入的站点文件，如图 1-62 所示，单击"打开"按钮，即可将该站点文件导入到 Dreamweaver 中。

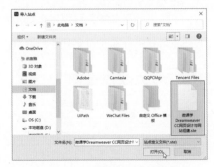

图 1-61　"导出站点"对话框　　　　图 1-62　"导入站点"对话框

1.7　本章小结

在完成本章内容的学习后，读者应能深入理解 Dreamweaver 的工作界面，并熟练掌握其基础操作技巧。同时，还需精通在 Dreamweaver 中创建与管理站点的方法，这将为后续使用 Dreamweaver 进行网页设计奠定坚实的基础。

1.8　课后练习

完成对本章内容的学习后，接下来通过课后练习，检测一下读者对本章内容的学习效果，同时加深对所学知识的理解。

一、选择题

1. 在 Dreamweaver 中可以通过（　　　）将文字、图像、多媒体等元素插入到网页中。

　　A.“文件”面板　　　　　　　　　　B.“资源”面板

　　C.“插入”面板　　　　　　　　　　D.“CSS 设计器”面板

2. 如果需要在 Dreamweaver 中新建一个空白的 HTML 页面，则需要在“新建文档”对话框中的（　　　）选项卡中选择 HTML 选项。

　　A. 空白页　　　　　　　　　　　　B. 启动器模板

　　C. 网站模板　　　　　　　　　　　D. 任意选项卡

3. 在 Dreamweaver 中可以通过（　　　）对站点进行管理。

　　A.“文件”面板　　　　　　　　　　B.“资源”面板

　　C.“站点”面板　　　　　　　　　　D.“插入”面板

4. 下列哪种方式不属于 Dreamweaver 站点连接远程服务器的方式？（　　　）

　　A. FTP　　　　　　B. HTTP　　　　　　C. SFTP　　　　　　D. RDS

5. Dreamweaver 站点文件的扩展名是（　　　）。

　　A. .html　　　　　　B. .css　　　　　　C. .js　　　　　　D. .ste

二、填空题

1. ＿＿＿＿＿＿是 Hypertext Transfer Protocol 的缩写，中文为“超文本传输协议”，它是一种最常用的网络通信协议。

2. Dreamweaver 中的 4 种视图模式分别是代码、＿＿＿＿＿＿、＿＿＿＿＿＿和＿＿＿＿＿＿。

3. 单击 Dreamweaver 状态栏中的＿＿＿＿＿＿按钮，可以在弹出菜单中选择一种浏览器，在该浏览器中预览当前页面。

4. 通过＿＿＿＿＿＿面板，可以对本地站点的文件夹和文件进行创建、删除、移动和复制等操作，还可以编辑站点。

5. 在＿＿＿＿＿＿对话框中可以实现站点的编辑、复制、删除、导出等多种站点管理操作。

三、简答题

简单描述什么是网页、什么是网站。

第 2 章
从 HTML 到 HTML5

    HTML 作为互联网上构建网页的核心语言，承载着网页中纷繁复杂的元素，从图像、动画到表单和多媒体，其本质根基均源于此。随着互联网的日新月异，网页设计语言也如同潮流般不断演进，从 HTML 的初始形态到如今的 HTML5，每次革新都是为了更好地适应和引领互联网的发展潮流。本章将深入浅出地带领读者领略 HTML 和 HTML5 的精髓，让读者对 HTML 的发展历程有一个全面的了解。同时，还将探讨 HTML5 与 HTML 之间的相似之处，以及 HTML5 所带来的显著改进和创新，帮助读者更好地理解并掌握 HTML 语言。

学习目标

1. 知识目标
- 了解 HTML 及其特点。
- 理解 HTML 文档结构。
- 理解 HTML 的基本语法。
- 了解 HTML5 的新增标签。
2. 能力目标
- 掌握 HTML 常用标签的使用。
- 能够使用 Dreamweaver 编写 HTML。
- 能够在记事本中编写 HTML 文档结构代码。
3. 素质目标
- 具备适应行业变化的能力，不断探索网页设计相关知识。
- 具备较强的应对能力，能够应对不断变化的行业需求和技术革新。

2.1 HTML 基础

    HTML 巧妙地运用标签来赋予页面生动的展示效果，这些标签实际上是构建在纯文本文件之上的，通过添加一系列精心设计的网页元素，最终生成扩展名为 .htm 或 .html 的文件。当读者在浏览器中打开这些 HTML 文件时，浏览器便成为解读这些标签的专家，它负责解读并应用 HTML 文本中嵌入的各种标签，依据这些标签的指示来渲染和呈现文本内容。这种由 HTML 语言编写的文件，称为 HTML 文本。HTML 是网页的精确描述和呈现语言。

2.1.1 HTML 概述

    在深入探讨 HTML 语言之前，首先需要提及的便是 World Wide Web（万维网），这是一个基于互联网构建的全球性、交互式、多平台、分布式的信息资源网络。万维网巧妙地运用了 HTML 语法来描述超文本（Hypertext）文件，这种描述方式独具匠心。Hypertext 一词内涵丰富，不仅指代那些能够链接的相关联的文件，还涵盖内含多媒体对象的文件，为信息的展示提供了无限可能。

　　HTML 的全称是 Hyper Text Markup Language，中文常被称为超文本标记语言。HTML 是互联网中不可或缺的一种编程语言，主要用于网页的编写。HTML 以精简而强大的文件定义能力，让设计师能够轻松构建出丰富多彩的超媒体文件。这些文件通过 HTTP 通信协议在万维网上实现跨平台的无缝交换，使得信息的传播与共享变得更为高效与便捷。

2.1.2　HTML 的特点

　　HTML 文件不仅制作简便，而且功能卓越，支持多种数据格式的文件导入，并具备以下显著特点。

　　（1）创建便捷：HTML 文档的创建过程简单直观，只需借助一款文本编辑器，即可轻松完成。

　　（2）高效传输：HTML 文件拥有较小的存储容量，能够在网络中实现快速传输和即时显示，为用户带来流畅的浏览体验。

　　（3）跨平台兼容：HTML 文件不受操作系统平台的限制，可与多种平台兼容。无论用户使用的是何种操作系统，只需一个浏览器，便能轻松浏览网页文件。

　　（4）学习门槛低：HTML 语言简单易学，无须深厚的编程知识背景，即可快速上手并应用于实际项目中。

　　（5）强大的扩展性：HTML 的广泛应用推动了其功能的不断增强和标识符的增加。HTML 采用了类元素的方式，为系统的扩展提供了坚实的基础，确保了其持续的发展和进步。

> **提示**
>
> 　　HTML 文件可以直接由浏览器解释执行，而无须编译。当用浏览器打开网页时，浏览器读取网页中的 HTML 代码，分析其语法结构，然后根据解释的结果显示网页内容。正是因为如此，网页显示的速度与网页代码的质量有很大的关系，保持精简和高效的 HTML 源代码是十分重要的。

2.1.3　HTML 的文档结构

　　HTML 的所有标签都是由 "<" 和 ">" 括起来的，如 <html>。一对标签中加上符号 "/" 的标签是终止标签，如 </html>。HTML 文档内容要包含在 <html> 与 </html> 标签之间，完整的 HTML 网页文档应该包括头部和主体两大部分。

　　HTML 文件基本结构如下。

```
<html>              <!--HTML文件开始-->
  <head>            <!--HTML文件的头部开始-->
  网页头部内容
  </head>           <!--HTML文件的头部结束-->
  <body>            <!--HTML文件的主体开始-->
  网页主体内容部分
  </body>           <!--HTML文件的主体结束-->
</html>             <!--HTML文件结束-->
```

- <html>……</html>：告诉浏览器 HTML 文件开始和结束，<html> 标签出现在 HTML 文档的第一行，用来表示 HTML 文档的开始。</html> 标签出现在 HTML 文档的最后一行，用来表示 HTML 文档的结束。两个标签一定要一起使用，网页中的所有其他内容都需要放在 <html> 与 </html> 之间。
- <head>……</head>：网页的头标签，用来定义 HTML 文档的头部信息，该标签也是成对使用的。
- <body>……</body>：在 <head> 标签之后就是 <body> 与 </body> 标签，该标签也是成对出现的。<body> 与 </body> 标签之间为网页主体内容和其他用于控制内容显示的标签。

2.1.4　HTML 的基本语法

绝大多数元素都有起始标签和结束标签，在起始标签和结束标签之间的部分是元素体，如 <body>…</body>。第一个元素都有名称和可选择的属性，元素的名称和属性都在起始标签内标明。HTML 中的标签主要分为普通标签和空标签两种类型。

1. 普通标签

普通标签是由一个起始标签和一个结束标签所组成的，其语法格式如下：

```
<x>控制文字</x>
```

其中，x 代表标签名称。<x> 和 </x> 就如同一组开关，起始标签 <x> 为开启某种功能，而结束标签 </x>（通常为起始标签加上一个斜线 /）为关闭功能，受控制的内容便放在两标签之间，例如，下面的代码：

```
<b>加粗文字</b>
```

标签之中还可以附加一些属性，用来实现或完成某些特殊效果或功能，例如，下面的代码：

```
<x a₁="v₁" a₂="v₂" …… aₙ="vₙ"> 控制文字 </x>
```

其中，a_1、a_2、…、a_n 为属性名称，而 v_1、v_2、…、v_n 则是其所对应的属性值。属性值加不加引号，目前所使用的浏览器都可接受，但根据 W3C 的新标准，属性值是要加引号的，所以，最好养成加引号的习惯。

2. 空标签

虽然大部分标签是成对出现的，但也有一些是单独存在的，这些单独存在的标签称为空标签，其语法格式如下：

```
<x>
```

同样，空标签也可以附加一些属性，用来完成某些特殊效果或功能，例如，下面的代码：

```
<x al="v1" a2="v2" …… an="vn">
```

2.1.5　编写 HTML 的注意事项

HTML 的构建基于标签和属性，在编写 HTML 文档时，需注意如下事项。

（1）标签的界定。HTML 标签由 "<" 和 ">" 界定。每个元素都由起始标签和结束标签组成，结束标签前会加上 "/" 符号，如段落标签 <p> 和 </p>。

（2）大小写不敏感。在 HTML 代码中，大小写是不敏感的，这意味着 <p>、<P> 都是有效的段落标签。

（3）空格与回车符的处理。HTML 代码中的空格和回车符并不会影响网页的显示，但为了代码的可读性和维护性，建议在不同的标签之间使用回车符进行换行。

（4）属性的运用。HTML 标签中可以添加各种属性来定制元素的外观和行为。例如，使用 align 属性可以设置段落文本的对齐方式，如 <p align="center" > 这里是段落文本 </p>。

（5）精确的标签输入。在输入 HTML 标签时，需要确保标签的准确性和完整性。避免在标签中插入多余的空格或字符，因为浏览器可能会因为无法识别这样的标签而导致显示错误。

（6）合理使用注释。HTML 代码中的注释是一种很好的工具，用于解释代码的功能和用途。注释语句的 <!-- 开始，以 --> 结束，它们只会出现在 HTML 代码中，不会在浏览器中显示，如 <!-- 需要注释好的内容 -->。合理使用注释，可以提高代码的可读性和可维护性。

2.2　HTML 中的常用重要标签

HTML 语言中的标签较多，本节主要对一些常用的标签进行介绍，读者需要对这些常用标签有一个基本的了解，这样在后面的学习过程中才能够事半功倍。

2.2.1　字符格式标签

字符格式标签主要用来设置 HTML 页面中文字的外观，增加网页文字的美观程度，常用字符格式标签说明如表 2-1 所示。

表 2-1　常用字符格式标签说明

标　签	说　明
<b>	文本加粗标签，用于显示需要加粗的文字
<i>	文本斜体标签，用于显示需要显示为斜体的文字
<font>	用于设置文本的字体、字号和颜色，分别对应的属性为 face、size 和 color
<strong>	用于显示加重的文本，即粗体的另一种方式
<center>	用于设置文本居中对齐
<big>	用于加大字号
<small>	用于缩小字号

图 2-1 所示为字符格式标签的应用实例。

图 2-1　字符格式标签的应用实例

2.2.2　区段格式标签

区段格式标签的主要用途是将 HTML 文件中的某个区段文字以特定格式显示，增加网页中文字内容的可看度，常用的区段格式标签说明如表 2-2 所示。

表 2-2　常用区段格式标签说明

标　签	说　明
<title>	该标签出现在 <head> 与 </head> 标签中间，用来定义 HTML 文档的标题，显示在浏览器窗口的标题栏上
<hn>	n=1,2,…,6，这 6 个标签为文本的标题标签，<h1></h1> 标签是显示字号最大的标题，而 <h6></h6> 标签则是显示字号最小的标题

	该标签是换行标签
<hr>	该标签是水平线标签，它是用来在网页中插入一条水平分隔线
<p>	该标签用于定义一个段落，在该标签之间的文本将以段落的格式在浏览器中显示
<pre>	该标签用于设置标签之间的内容以原始格式显示
<address>	标注联络人姓名、电话和地址等信息

图 2-2 所示为区段格式标签的应用实例。

图 2-2　区段格式标签的应用实例

2.2.3　列表标签

列表标签用来对相关的元素进行分组，并由此给列表的内容添加意义和结构，常用的列表标签说明如表 2-3 所示。

表 2-3　常用列表标签说明

标　签	说　明
<ul>	<ul> 和 </ul> 标签用于创建一个项目列表
<ol>	<ol> 和 </ol> 标签用于创建一个有序列表
<li>	<li> 和 </li> 标签用于创建列表项，它只能放在 <ol></ol> 标签或 <ul></ul> 标签之间才可以使用
<dl>	<dl> 和 </dl> 标签用于创建一个定义列表
<dt>	<dt> 和 </dt> 标签则用于创建定义列表中的上层项目
<dd>	<dd> 和 </dd> 标签则用于创建定义列表中的下层项目。其中 <dt></dt> 标签和 <dd></dd> 标签一定要放在 <dl></dl> 标签中才可以使用

图 2-3 所示为列表标签的应用实例。

图 2-3　列表标签的应用实例

2.2.4　表格标签

在 HTML 中表格标签是开发人员常用的标签，尤其是在 Div+CSS 布局还没有兴起的时候，表格是网页布局的主要方法。表格的标签是 <table></table>，在表格中可以放入任何元素，常用的表格标签说明如表 2-4 所示。

表 2-4　常用表格标签说明

标　　签	说　　明
<table>	表格标签，定义表格区域
<caption>	表格标题标签，用于设置表格的标题
<th>	表头标签，用于设置表格头
<tr>	单元行标签，用于在表格中定义表格单元行
<td>	单元格标签，用于在表格中定义表格单元格

图 2-4 所示为表格标签的应用实例。

图 2-4　表格标签的应用实例

2.2.5　链接标签

链接可以说是 HTML 超文本文件的命脉。HTML 通过链接标签来整合分散在世界各地的图像、文字、影像和音乐等信息。链接标签的主要用途为标示超文本文件链接，在 HTML 代码中，超链接标签为 <a>…</a>，用于为文本或图像等创建超链接。图 2-5 所示为链接标签的应用实例。

图 2-5　链接标签的应用实例

2.2.6　多媒体标签

多媒体标签主要用来在网页中显示图像、动画、声音和视频等多媒体元素。常用的多媒体标签说明如表 2-5 所示。

表 2-5　常用多媒体标签说明

标　　签	说　　明
<img>	图像标签，用于在网页中插入图像
<embed>	多媒体标签，用于在网页中插入声音、视频等多媒体对象
<bgsound>	声音标签，用于在网页中嵌入背景音乐

图 2-6 所示为多媒体标签的应用实例。

图 2-6　多媒体标签的应用实例

提示

在 HTML5 中取消了 <bgsound> 标签，新增了 <audio> 标签。因为是新增的标签，所以，在使用时要注意浏览器的兼容问题，否则，将不能正确播放背景音乐。

2.2.7　表单标签

表单标签用来制作网页中的交互表单元素，常用的表单标签说明如表 2-6 所示。

表 2-6　常用表单标签说明

标　　签	说　　明
<form>	表单区域标签，表明表单区域的开始与结束
<input>	实现单行文本框、单选按钮和复选框等
<textarea>	实现多行输入文本框
<select>	标明下拉列表的开始与结束
<option>	在下拉列表中产生一个选择项目

图 2-7 所示为表单标签的应用实例。

图 2-7　表单标签的应用实例

2.2.8　分区标签

在 HTML 文档中常用的分区标签有两个，分别是 <div> 标签和 <span> 标签。

其中，<div> 标签称为区域标签（又称容器标签），用来作为多种 HTML 标签组合的容器，对该区域进行操作和设置，就可以完成对区域中元素的操作和设置。

通过使用 <div> 标签，能让网页代码具有很高的可扩展性，其基本应用格式如下：

```
<body>
  <div>这里是第一个区块的内容</div>
  <div>这里是第二个区块的内容</div>
</body>
```

> **提示**
>
> 在 <div> 标签中可以包含文字、图像、多媒体、表格等页面元素，但需要注意的是，<div> 标签不能嵌套在 <p> 标签中使用。

<span> 标签用来作为片段文字、图像等简短内容的容器标签，其意义与 <div> 标签类似，但是和 <div> 标签是不一样的，<span> 标签是文本级元素，默认情况下是不会占用整行的，可以在一行显示多个 <span> 标签。<span> 标签常用于段落、列表等项目中。

2.2.9　【课堂任务】：在 Dreamweaver 中编写 HTML

素材文件：无　　案例文件：最终文件\第 2 章\2-2-9.html
案例要点：掌握在 Dreamweaver 中编写网页 HTML 代码的方法

Step 01 执行"文件 > 新建"命令，弹出"新建文档"对话框，选择 HTML 选项，如图 2-8 所示。单击"创建"按钮，新建 HTML5 文档，在代码视图中可以看到文档的 HTML 代码，如图 2-9 所示。

> **提示**
>
> 在 Dreamweaver CC 中新建的 HTML 页面，默认为遵循 HTML5 规范，如果需要新建其他规范的 HTML 页面，可以在"新建文档"对话框的"文档类型"下拉列表中进行选择。

Step 02 执行"文件 > 保存"命令，弹出"另存为"对话框，将该网页保存为"源文件\第 2 章\2-2-9.html"，如图 2-10 所示。在页面的 <title> 与 </title> 标签之间输入网页的标题，如图 2-11 所示。

图 2-8 "新建文档"对话框

图 2-9 HTML 页面代码

图 2-10 "另存为"对话框

图 2-11 输入网页标题

Step03 在 \<body\> 标签中添加 style 属性设置代码，如图 2-12 所示。在 \<body\> 与 \</body\> 标签之间编写相应的网页正文内容代码，如图 2-13 所示。

图 2-12 输入样式设置代码

图 2-13 编写页面内容代码

提示

在 \<body\> 标签中添加 style 属性设置，实际上是 CSS 样式的一种使用方式，称为内联 CSS 样式。此处通过内联 CSS 样式设置页面整体的背景颜色、水平对齐方式和文字颜色。

Step04 完成该网页 HTML 代码的编写，在"视图模式"中选择"设计"选项，切换到设计视图，可以看到页面的效果，如图 2-14 所示。保存网页，在浏览器中预览该网页，可以看到网页的效果，如图 2-15 所示。

图 2-14 设计视图效果

图 2-15 预览页面效果

> **提示**
>
> 　　在 Dreamweaver 中通过不同的视图都可以制作网页，使用 Dreamweaver 的设计视图制作网页更加直观，但页面的本质还是一个由 HTML 代码组成的文本。

2.3　HTML5 概述

　　HTML5 无疑是近 10 年 Web 标准领域的一次划时代的飞跃。与过往的版本相比，HTML5 的愿景远不止于单纯地呈现 Web 内容。HTML5 承载着将 Web 推向一个全面成熟的应用平台的宏伟使命，在这个平台上，视频、音频、图像、动画等多媒体元素的展现，以及与计算机的各种交互形式都实现了高度的标准化和规范化。HTML5 的崛起，预示着 Web 将成为一个功能更加强大、体验更加丰富的全新世界。

2.3.1　了解 HTML5

　　W3C（万维网联盟）于 2010 年发布了 HTML5 的工作草案，并在 2014 年完成了全面的 HTML5 标准规范。这一标准背后，有着由 AOL、Apple、Google、IBM、Microsoft、Mozilla、Nokia、Opera 等众多行业巨擘及数百个其他开发商组成的强大工作组的共同推动。HTML5 的诞生，旨在替代 1999 年 W3C 制定的 HTML 4.01 和 XHTML 1.0 标准，以确保在网络应用迅猛发展的时代背景下，网页语言能够紧跟时代的步伐，满足日益增长的网络需求。

　　实际上，HTML5 所涵盖的远不止单一的 HTML 技术，它是一整套技术的融合，包括HTML、CSS 样式和 JavaScript 脚本。HTML5 的初衷，是通过这一技术组合，轻松实现各种丰富的网络应用需求，减少浏览器对插件的依赖，同时提供一套更为完善和强大的标准集，以增强网络应用的功能和体验。

　　在 HTML5 中，众多新应用标签的引入是其显著特点之一。例如，<video>、<audio> 和<canvas> 等标签的加入，使得设计师能够更为便捷地在网页中嵌入和处理图像与多媒体内容。此外，如 <section>、<article>、<header> 和 <nav> 等新标签的引入，也为网页内容的丰富性和结构化提供了更多可能。

　　除了新标签的添加，HTML5 还对部分标签和属性进行了优化和修改，以适应网络应用的快速发展。同时，也有一些旧有的标签和属性在 HTML5 标准中被淘汰，以确保标准的简洁和高效。这一系列的改进和变化，共同推动了 HTML5 向着更加成熟和完善的方向发展。

2.3.2　HTML5 文档结构

HTML5 的文档结构与前面所介绍的 HTML 的文档结构非常类似，基础的文档结构如下：

```
<!doctype html>
<html>
  <head>
    <meta charset="utf-8">
    <title>无标题文档</title>
  </head>
  <body>
    页面主体内容部分
  </body>
</html>
```

HTML5 的文档结构非常简洁，第一行代码 <!doctype html> 声明文档是一个 HTML 文档，接下来使用 <html> 标签包含头部内容 <head> 标签和主体内容 <body> 标签，从而构成 HTML5 文档的基本结构。

2.4　HTML5 中新增的标签

在 HTML5 中新增了许多新的有意义的标签，为了方便学习和记忆，本节将对 HTML5 中新增的标签进行分类介绍。

2.4.1　结构标签

HTML5 中新增的结构标签说明如表 2-7 所示。

表 2-7　HTML5 中新增的结构标签说明

标　　签	说　　明
<article>	在网页中标识独立的主体内容区域，可用于论坛帖子、报纸文章、博客条目和用户评论等
<aside>	<aside> 标签用于在网页中标识非主体内容区域，该区域中的内容应该与附近的主体内容相关
<section>	<section> 标签用于在网页中标识文档的小节或部分
<footer>	<footer> 标签用于在网页中标识页脚部分或内容区块的脚注
<header>	<header> 标签用于在网页中标识页首部分或内容区块的标头
<nav>	<nav> 标签用于在网页中标识导航部分

2.4.2　文本标签

HTML5 中新增的文本标签说明如表 2-8 所示。

表 2-8　HTML5 中新增的文本标签说明

标　　签	说　　明
<bdi>	<bdi> 标签在网页中允许设置一段文本，使其脱离其父元素的文本方向设置
<mark>	<mark> 标签在网页中用于标识需要高亮显示的文本
<time>	<time> 标签在网页中用于标识日期或时间
<output>	<output> 标签在网页中用于标识一个输出的结果

2.4.3　应用和辅助标签

HTML5 中新增的应用和辅助标签说明如表 2-9 所示。

表 2-9　HTML5 中新增的应用和辅助标签说明

标　　签	说　　明
<audio>	<audio> 标签用于在网页中定义声音，如背景音乐或其他音频流
<video>	<video> 标签用于在网页中定义视频，如电影片段或其他视频流
<source>	<source> 标签为媒介标签（如 video 和 audio），在网页中用于定义媒介资源
<track>	<track> 标签在网页中为 video 元素之类的媒介规定外部文本轨道
<canvas>	<canvas> 标签在网页中用于定义图形，如图标和其他图像。该标签只是图形容器，必须使用脚本来绘制图形
<embed>	<embed> 标签在网页中用于标识来自外部的互动内容或插件

2.4.4　进度标签

HTML5 中新增的进度标签说明如表 2-10 所示。

表 2-10　HTML5 中新增的进度标签说明

标　　签	说　　明
\<progress>	\<progress> 标签用于在网页中标识任务进度显示的进度条
\<meter>	在网页中使用 \<meter> 标签，在该标签中通过 min 和 max 属性分别定义最小值和最大值，通过设置 value 属性值确定当前进度条的位置

2.4.5　交互性标签

HTML5 中新增的交互性标签说明如表 2-11 所示。

表 2-11　HTML5 中新增的交互性标签说明

标　　签	说　　明
\<command>	\<command> 标签用于在网页中标识一个命令元素（单选、复选或者按钮）；当且仅当这个元素出现在 \<menu> 标签中时才会被显示，否则将只能作为键盘快捷方式的一个载体
\<datalist>	\<datalist> 标签用于在网页中标识一个选项组，与 \<input> 标签配合使用该标签，来定义 input 元素可能的值

2.4.6　在文档和应用中使用的标签

HTML5 中新增的在文档和应用中使用的标签说明如表 2-12 所示。

表 2-12　HTML5 中新增的在文档和应用中使用的标签说明

标　　签	说　　明
\<details>	\<details> 标签在网页中用于标识描述文档或者文档某个部分的细节
\<summary>	\<summary> 标签在网页中用于标识 \<details> 标签内容的标题
\<figcaption>	\<figcaption> 标签在网页中用于标识 \<figure> 标签内容的标题
\<figure>	\<figure> 标签用于在网页中标识一块独立的流内容（图像、图表、照片和代码等）
\<hgroup>	\<hgroup> 标签在网页中用于标识文档或内容的多个标题。用于将 h1 至 h6 元素打包，优化页面结构在 SEO 中的表现

2.4.7　\<ruby> 标签

HTML5 中新增的 \<ruby> 标签说明如表 2-13 所示。

表 2-13　HTML5 中新增的 \<ruby> 标签说明

标　　签	说　　明
\<ruby>	\<ruby> 标签在网页中用于标识 ruby 注释（中文注音或字符）
\<rp>	\<rp> 标签在 ruby 注释中使用，以定义不支持 \<ruby> 标签的浏览器所显示的内容
\<rt>	\<rt> 标签在网页中用于标识字符（中文注音或字符）的解释或发音

2.4.8　其他标签

HTML5 中新增的其他标签说明如表 2-14 所示。

表 2-14　HTML5 中新增的其他标签说明

标　　签	说　　明
<keygen>	<keygen> 标签用于标识表单密钥生成器元素。当提交表单时，私密钥存储在本地，公密钥发送到服务器
<wbr>	<wbr> 标签用于标识单词中适当的换行位置；可以用该标签为一个长单词指定合适的换行位置

2.5　网页中的其他源代码

网页的源代码中除了 HTML，还有很多不同的代码类型，如 CSS 样式表、JavaScript 脚本等，接下来介绍几种源代码的特点。

2.5.1　CSS 样式代码

在当今的网页设计中，排版格式的复杂性日益凸显，这使得 CSS 样式成为不可或缺的核心要素。网页制作离不开 CSS 样式的助力，它赋予了开发者对网页布局、字体、颜色、背景及其他视觉效果进行精细控制的能力。通过简单的 CSS 样式代码编辑，设计师能够轻松调整同一页面中不同部分或不同页面的外观和格式，实现个性化的设计需求。

使用 CSS 样式不仅能够打造出美观整洁、令人赏心悦目的网页，还能为网页增添诸多引人入胜的特效。CSS 的强大功能让网页设计不再局限于单调的展示，而是能够呈现出丰富多样的视觉体验，为浏览者带来全新的视觉盛宴。图 2-16 所示为应用 CSS 样式的效果。

图 2-16　应用 CSS 样式的效果

2.5.2　JavaScript 脚本代码

在网页设计的艺术中，脚本语言的应用不仅有助于精简网页的体量，显著提升加载速度，还能极大地丰富网页的展现力与交互性。因此，脚本技术已然成为现代网页设计中不可或缺的技术。

目前，市场上最受欢迎的脚本语言有 JavaScript、VBScript 等，其中 JavaScript 以卓越的性能和广泛的应用场景，成为众多网页开发者心目中的首选。JavaScript 作为一种描述性语言，能够灵活地嵌入到 HTML 文件中，与 HTML 元素无缝融合，共同构建出动态且交互性强的网页。

与 HTML 类 似，JavaScript 也支持使用各种文本编辑工具进行编辑和修改。用户可以轻松地编写和调试代码，并通过浏览器进行实时预览，极大地提高了开发效率。因此，掌握 JavaScript 对于网页设计师而言，无疑是一项极具价值的技能。图 2-17 所示为使用 JavaScript 实现的网页特效。

图 2-17 使用 JavaScript 实现的网页特效

2.5.3 源代码中的注释

在涉及数百行甚至更多代码时，要清晰区分不同部分的功能确实是一项艰巨的任务。更为复杂的是，许多编程项目并非由单一开发者独立完成，而是需要团队协作，这就要求我们确保团队成员之间能够准确理解彼此的代码意图和逻辑。

为了应对这一挑战，可以借助在代码中添加注释这一有效手段。注释作为代码中的"非执行"部分，不会在最终的运行结果中显示，但它们为开发者提供了宝贵的上下文信息和编码提示。通过合理的注释，可以更清晰地阐述代码的目的、功能、实现逻辑及可能的注意事项，从而帮助团队成员更好地理解和协作。

在 HTML 中使用 <!--……--> 注释，代码如下：

```
<body>
<!--这里是注释内容-->
<p>代码注释是不会显示在网页里的。</p>
</body>
```

CSS 也允许用户在源代码中嵌入注释，浏览器会完全忽略注释。CSS 的注释以符号 /* 开始，以符号 */ 结束。CSS 忽略注释开始和结束之间的所有内容，下面是 CSS 样式中注释的代码。

```
/*设置所有段落文本颜色为蓝色*/
P {
      color:blue;
  }
```

注释可以出现在任何地方，甚至出现在 CSS 规则中，代码如下：

```
P {
   color: blue; /*设置为蓝色*/
   font-size: 12px;
}
```

提示

注释是不能嵌套的，也就是说，如果想在注释里装入另一条注释，这两条注释都在第一个 */ 处结束。读者在设置注释时需要仔细，避免不小心将注释嵌套放置。

2.6 本章小结

本章全面深入地引导读者探索 HTML 的核心基础知识，同时剖析 HTML5 所带来的设计革新，旨在帮助读者深入理解 HTML5 的规范与标签体系。通过学习这些内容，读者应能够熟练地运用 HTML 技术，为构建出既美观又功能强大的网站奠定坚实的基础。

2.7 课后练习

完成对本章内容的学习后，接下来通过课后练习，检测读者对本章内容的学习效果，同时加深对所学知识的理解。

一、选择题

1. 在 Dreamweaver CC 中新建的 HTML 页面，默认的文档类型是（　　）。
   A. HTML 4.01　　　　B. XHTML 1.0　　　　C. XHTML 1.1　　　　D. HTML 5

2. 在 HTML 文档结构中，以下哪个标签是 HTML 主体内容标签？（　　）
   A. <html>　　　　B. <head>　　　　C. <body>　　　　D. <font>

3. 以下哪个标签属于换行符标签？（　　）
   A. <body>　　　　B. <font>　　　　C. <p>　　　　D.

4. 在 HTML5 代码中，可以使用以下哪种标签创建一个有序列表？（　　）
   A. <ul>　　　　B. <ol>　　　　C. <li>　　　　D. <dl>

5. HTML5 中新增的（　　）标签在网页中用于定义图形，如图标和其他图像。该标签只是图形容器，必须使用脚本来绘制图形。
   A. <audio>　　　　B. <video>　　　　C. <source>　　　　D. <canvas>

二、填空题

1. _____标签是 HTML 的头标签，用来定义 HTML 文档的头部信息。

2. 在 HTML 文档中常用的分区标签有两个，分别是_____标签和_____标签。

3. _____标签是 HTML5 新增的视频标签，用于在网页中定义视频，如电影片段或其他视频流。

4. _____标签出现在 <head> 与 </head> 标签中间，用来定义 HTML 文档的标题，显示在浏览器窗口的标题栏上。

5. HTML5 中新增的_____标签用于在网页中定义声音，如背景音乐或其他音频流。

三、简答题

简单描述 <div> 标签与 <span> 标签的区别。

第 3 章
精通 CSS 样式

任何绚丽多姿的网页，其背后都离不开 HTML 代码的精心编织。然而，若要让网页不仅稳固且兼具美感，单纯依赖 HTML 显然力不从心。此时，CSS 样式的掌握便显得尤为重要。CSS 如同网页的化妆师，精心雕琢着网页的每一寸容颜。在网页制作中，CSS 不仅是不可或缺的元素，更是实现设计创意的关键。本章将引领读者探究 CSS 样式的奥秘，涵盖 CSS 选择器、属性及 CSS 3.0 的新增属性。只有熟练掌握 CSS 样式的创建与设置，方能游刃有余地打造各类风格的网站页面。

学习目标

1. 知识目标
- 了解 CSS 样式并理解 CSS 样式规则。
- 认识"CSS 设计器"面板。
- 了解使用 CSS 样式的 4 种方法。
- 了解 CSS 3.0 新增的相关属性。

2. 能力目标
- 能够创建并应用不同选择器类型的 CSS 样式。
- 能够理解并掌握 CSS 属性的设置。
- 能够理解并掌握 CSS 3.0 常用属性的设置和使用。

3. 素质目标
- 具有良好的学习能力，能够自己通过书籍、互联网等渠道获取最新的行业知识和技能。
- 培养职业生涯规划能力，明确个人职业目标和发展方向。

3.1 了解 CSS 样式

CSS（Caseading Style Sheets，层叠样式表）样式不仅是 HTML 语言的得力助手，更是一种革命性的工具，极大地简化了网页开发的流程。通过巧妙地应用 CSS 样式，能够避免大量冗余的格式设置工作，如统一调整文字的大小、颜色等外观属性。更重要的是，CSS 赋予了我们前所未有的灵活性，从而能够轻松控制网页元素的布局和呈现方式。

3.1.1 CSS 样式概述

CSS 是一种卓越的 Web 文档样式化工具，由国际标准化组织 W3C 精心定义。作为一种计算机语言，CSS 专注于为 HTML 或 XML 等文件赋予丰富而精准的外观样式。在网页设计的广阔天地中，CSS 无疑是排版与布局设计的核心支柱。

CSS 的发布标志着网页设计领域的一大飞跃，它有效地摒弃了过时的表格布局、框架布局等非标准方法。CSS 是一组细致入微的格式设置规则，旨在全面掌控 Web 页面的视觉呈现。通过 CSS 样式，可以将页面的内容与表现形式巧妙分离。内容存储在整洁的 HTML 文档中，而样式的定义则汇集在单独的 CSS 文件中。

这种内容与样式的分离策略，不仅极大地方便了网站外观的维护与管理，而且显著优化了 HTML 文档的代码结构，使其更加简洁明了。同时，这也有助于减少浏览器的加载时间，提升用户的浏览体验。在 CSS 的助力下，网页设计正迈向更加高效、专业的新时代。

此外，随着 CSS 3.0 的推出，我们迎来了一个全新的时代。借助 CSS 3.0 新增的样式属性，不仅能够实现更为复杂的动画和过渡效果，还能为网页增添丰富的交互性，使得用户的浏览体验更加生动和有趣。这不仅极大地提升了网页的美观性，也显著增强了其吸引力和用户黏性。因此，熟练掌握 CSS 样式，对于每个网页设计师和开发者来说都是至关重要的。

3.1.2　CSS 样式规则

图 3-1　CSS 规则组成

所有 CSS 样式的基础就是 CSS 规则，每条规则都是一条单独的语句，确定应该如何设计样式，以及应该如何应用这些样式。因此，CSS 样式由规则列表组成，浏览器用它来确定页面的显示效果。

CSS 由选择器和声明组成。其中声明由属性和属性值组成。简单的 CSS 规则形式如图 3-1 所示。

1. 选择器

选择器部分指定对文档中的哪个对象进行定义。选择器最简单的类型是"标签选择器"，它可以直接输入 HTML 标签的名称，便可以对其进行定义。例如，定义 HTML 中的 <p> 标签，只要给出 <> 内的标签名称，用户就可以编写标签选择器了。

2. 声明

声明包含在 {} 内，在大括号中首先给出属性名，接着是冒号，然后是属性值，结尾的分号是可选项，推荐使用结尾分号，整条规则以结尾大括号结束。

3. 属性

属性由官方 CSS 规范定义。用户可以定义特有的样式效果，与 CSS 兼容的浏览器会支持这些效果，尽管有些浏览器识别不是正式语言规范部分的非标准属性，但是大多数浏览器很可能会忽略一些非 CSS 规范部分的属性，最好不要依赖这些专有的扩展属性，不识别它们的浏览器只是简单地忽略它们。

4. 属性值

声明的值放置在属性名和冒号之后。属性值确切定义应该如何设置属性。每个属性值的范围也在 CSS 规范中定义。

3.2　认识"CSS 设计器"面板

"CSS 设计器"面板是一个 CSS 样式集成化面板，是 Dreamweaver 中非常重要的面板之一，支持可视化的创建与管理网页中的 CSS 样式。在该面板中包括"源""@ 媒体""选择器"和"属性"4 个部分，每个部分针对 CSS 样式进行不同的管理与设置操作。

3.2.1 "源"选项区

"CSS 设计器"面板上的"源"选项区用于确定网页使用 CSS 样式的方式,是使用外部 CSS 样式表文件还是使用内部 CSS 样式,如图 3-2 所示。单击"源"选项区左上角的"添加 CSS 源"按钮 ,在弹出的下拉菜单中提供了 3 种定义 CSS 样式的方式,如图 3-3 所示。

图 3-2 "源"选项区   图 3-3 3 种定义 CSS 样式的方式

1. 创建新的 CSS 文件

选择"创建新的 CSS 文件"选项,弹出"创建新的 CSS 文件"对话框,如图 3-4 所示。单击"文件 /Url"选项后的"浏览"按钮,弹出"将样式表文件另存为"对话框,浏览到需要保存外部 CSS 样式表文件的目录,在"文件名"文本框中输入外部 CSS 样式表名称,如图 3-5 所示。

图 3-4 "创建新的 CSS 文件"对话框   图 3-5 "将样式表文件另存为"对话框

单击"保存"按钮,即可在所选择的目录中创建外部 CSS 样式表文件,返回"创建新的 CSS 文件"对话框中,如图 3-6 所示。设置"添加为"选项为"链接",单击"确定"按钮,即可创建并链接外部 CSS 样式表文件,在"源"选项区中可以看到刚刚创建的外部 CSS 样式表文件,如图 3-7 所示。

图 3-6 "创建新的 CSS 文件"对话框   图 3-7 "源"选项区

2. 附加现有的 CSS 文件

选择"附加现有的 CSS 文件"选项,弹出"使用现有的 CSS 文件"对话框,如图 3-8 所示。单击"文件 /Url"选项后的"浏览"按钮,弹出"选择样式表文件"对话框,可以选择已经创建的外部 CSS 样式表文件。

在"附加现有的 CSS 文件"对话框中单击"有条件使用（可选）"选项前的三角形按钮，可以在对话框中展开"有条件使用（可选）"的设置选项，如图 3-9 所示。可以设置使用所链接的外部 CSS 样式表文件的条件，该部分的设置与"CSS 设计器"面板上的"@ 媒体"选项区的设置基本相同，将在下一节中进行介绍，默认不进行设置。

图 3-8 "使用现有的 CSS 文件"对话框　　　图 3-9　展开"有条件使用（可选）"选项

3. 在页面中定义

选择"在页面中定义"选项，实际上是创建内部 CSS 样式，在"源"选项区中会自动添加 <style> 标签。转换到网页代码视图中，可以在网页头部分的 <head> 与 </head> 标签之间看到放置内部 CSS 样式的 <style> 标签，在网页中创建的所有内部 CSS 样式都会放置在 <style> 与 </style> 标签之间。

> 提示

在网页中使用 CSS 样式，首先需要添加 CSS 源，也就是首先要确定 CSS 样式是创建在外部 CSS 样式表文件中还是创建在文件内部。完成 CSS 源的添加后，可以在"源"列表中选中不需要的 CSS 源，单击"源"选项区左上角的"删除 CSS 源"按钮■，即可删除该 CSS 源。

3.2.2 "@ 媒体"选项区

在"CSS 设计器"面板中的"@ 媒体"选项区中可以为不同的媒介类型设置不同的 CSS 样式。

在"CSS 设计器"面板的"源"选项区中选中一个 CSS 源，"@ 媒体"选项区的效果如图 3-10 所示。单击"@ 媒体"选项区左上角的"添加媒体查询"按钮■■，弹出"定义媒体查询"对话框，在该对话框中可以定义媒体查询的条件，如图 3-11 所示。

在"媒体属性"下拉列表中可以选择需要设置的属性，如图 3-12 所示。选择不同的媒体属性，其设置方式也不相同。

> 提示

media 属性用于为不同媒介类型规定不同的 CSS 样式表。在 Dreamweaver 中新增了许多 media 属性，这些属性都是为了更好地将网页应用于各种不同类型的媒介。对于大多数网页设计师来说，只需要对 media 属性有所了解即可，因为大多数情况下所开发的网页都只在显示器或移动设备中进行浏览。

图 3-10　"@ 媒体"选项区　　　图 3-11　"定义媒体查询"对话框　　　图 3-12　媒体属性

3.2.3　"选择器"选项区

"CSS 设计器"面板中的"选择器"选项区用于在网页中创建 CSS 样式，如图 3-13 所示。网页中所创建的所有类型的 CSS 样式都会显示在该选项区的列表中，单击"选择器"选项区左上角的"添加选择器"按钮 ，即可在"选择器"选项区中出现一个文本框，用于输入所要创建的 CSS 样式的选择器名称，如图 3-14 所示。

图 3-13　"选择器"选项区　　　　　　图 3-14　创建 CSS 选择器

提示

在"选择器"选项区中可以创建任意类型的 CSS 选择器，包括通配符选择器、标签选择器、ID 选择器、类选择器、伪类选择器和复合选择器等，这就要求用户需要了解 CSS 样式中各种类型 CSS 选择器的要求与规定，关于 CSS 选择器，将在 3.4 节进行详细介绍。

3.2.4　"属性"选项区

"CSS 设计器"面板中的"属性"选项区主要用于对 CSS 样式的属性进行设置和编辑，在该选项区中将 CSS 样式属性分为 5 种类型，如图 3-15 所示，分别是"布局""文本""边框""背景"和"更多"，单击不同的按钮，可以快速切换到该类别属性的设置。

提示

CSS 样式中包括众多的属性，CSS 样式属性也是 CSS 样式非常重要的内容，熟练地掌握各种不同类型的 CSS 样式属性，才能在网页设计制作过程中灵活运用，关于 CSS 样式属性的设置将在 3.3 节详细讲解。

图 3-15　"属性"选项区

3.3 CSS 样式属性

通过 CSS 样式可以定义页面中元素的几乎所有外观效果，包括文本、背景、边框、位置和效果等。在 Dreamweaver CC 中为了方便初学者的可视化操作，提供了集成的"CSS 设计器"面板，在该面板中可以设置几乎所有的 CSS 样式属性，完成 CSS 样式属性的设置后，Dreamweaver 会自动生成相应的 CSS 样式代码。

3.3.1 布局 CSS 样式属性

布局 CSS 样式主要用来定义页面中各元素的位置等属性，如大小、环绕方式等。通过 padding 和 margin 属性还可以设置各元素（如图像）水平和垂直方向上的空白区域。

在"CSS 设计器"面板的"属性"选项区中单击"布局"图标，在"属性"选项区中可以对布局相关 CSS 属性进行设置，如图 3-16 所示。

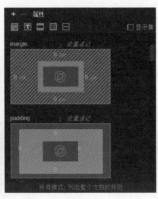

图 3-16　布局相关 CSS 属性

布局相关的 CSS 样式属性说明如表 3-1 所示。

表 3-1　布局相关的 CSS 样式属性说明

CSS 属性	说　　明
width	设置元素的宽度，默认为 auto
height	设置元素的高度，默认为 auto
min-width、min-height	CSS 3.0 新增的属性，分别用于设置元素的最小宽度和最小高度
max-width、max-height	CSS 3.0 新增的属性，分别用于设置元素的最大宽度和最大高度
display	设置是否显示及如何显示元素
box-sizing	CSS 3.0 新增的属性，用于设置元素盒模型的计算方式
margin	设置元素的边界，如果元素设置了边框，margin 是边框外侧的空白区域。可以在下面对应的 top、right、bottom 和 left 各选项中设置具体的数值和单位
padding	设置元素的填充，如果元素设置了边框，则 padding 指的是边框和元素中内容之间的空白区域。属性值设置方法与 margin 属性的用法相同

（续表）

CSS 属性	说明
position	设置元素的定位方式，包括 static（静态）、absolute（绝对）、fixed（固定）和 relative（相对）4 个选项。选择一种定位方式之后，可以在下方分别设置该元素距离其父级元素的位置
float	设置元素的浮动定位，float 实际上是指文字等对象的环绕效果，有 left ▤、right ▤和 none ◩ 3 个选项
clear	设置元素清除浮动，在该选项后有 left ▥、right ▥、both ▥和 none ◩ 4 个选项
overflow-x、overflow-y	分别用于设置元素内容溢出在水平方向和在垂直方向上的处理方式，可以在选项后的属性值列表中选择相应的属性值
visibility	设置元素的可见性，在属性值列表中包括 inherit（继承）、visible（可见）和 hidden（隐藏）3 个选项。如果不指定可见性属性，则默认情况下将继承父级元素的属性设置。设置 visibility 属性为 visible，无论在任何情况下，元素都将是可见的。设置 visibility 属性为 hidden，无论在任何情况下，元素都是隐藏的
z-index	设置元素的先后顺序和覆盖关系
opacity	CSS 3.0 新增的属性，用于设置元素的不透明度

3.3.2　文本 CSS 样式属性

文本是网页中最基本的重要元素之一，文本的 CSS 样式设置是经常使用的，也是在网页制作过程中使用频率最高的。在"CSS 设计器"面板中的"属性"选项区中单击"文本"图标▥，在"属性"选项区中将显示文本相关的 CSS 属性，如图 3-17 所示。

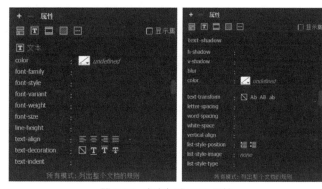

图 3-17　文字相关 CSS 属性

文字相关的 CSS 样式属性说明如表 3-2 所示。

表 3-2　文字相关的 CSS 样式属性说明

CSS 属性	说明
color	该属性用于设置文字颜色，可以直接在文本框中输入颜色值
font-family	该属性用户设置字体，可以选择默认预设的字体组合，也可以在该选项后的文本框中输入相应的字体名称
font-style	该属性用于设置字体样式，在该下拉列表框中可以选择文字的样式，其中 normal 正常表示显示标准的字体样式，italic 表示显示斜体的样式，oblique 表示显示倾斜的样式
font-variant	该下拉列表中主要是针对英文字体的设置。normal 表示显示标准的字体，small-caps 表示浏览器会显示小型大写字母的字体

（续表）

CSS 属 性	说　　明
font-weight	该属性用于设置字体的粗细，可以在该属性列表中选择相应的属性值
font-size	在该处单击可以首先选择字体的单位，随后输入字体的大小值
line-height	该属性用于设置文本行的高度。在设置行高时，需要注意，所设置行高的单位应该和设置字体大小的单位相一致。行高的数值是把字体大小选项中的数值包括在内的
text-align	该属性用于设置文本的对齐方式，有 left（左对齐）▤、center（居中对齐）▤、right（右对齐）▤和 justify（两端对齐）▤ 4 个选项
text-decoration	该属性用于设置文字修饰，提供了 4 种修饰效果供选择。 none（无）▣：设置 text-decoration 属性值为 none，则文字不发生任何修饰。 underline（下画线）▣：设置 text-decoration 属性值为 underline，可以为文字添加下画线。 overline（上画线）▣：设置 text-decoration 属性值为 overline，可以为文字添加上画线。 line-through（删除线）▣：设置 text-decoration 属性值为 line-through，可以为文字添加删除线
text-indent	该属性用于设置段落文本的首行缩进
text-shadow	该属性是 CSS 3.0 中新增的属性，用于设置文本阴影效果。h-shadow 用于设置阴影在水平方向的位置，允许使用负值；v-shadow 用于设置阴影在垂直方向的位置，允许使用负值；blur 用于设置阴影的模糊距离；color 用于设置文本阴影的颜色
text-transform	该属性用于设置英文字体大小写，提供了 4 种样式可供选择，none ▣是默认样式定义标准样式，capitalize ▣按钮是将文本中的每个单词都以大写字母开头，uppercase ▣按钮是将文本中的字母全部大写，lowercase ▣按钮是将文本中的字母全部小写
letter-spading	该选项可以设置英文字母之间的距离，使用正值来增加字母间距，使用负值来减少字母间距
word-spading	该选项可以设置单词之间的距离，使用正值来增加单词间距，使用负值来减少单词间距
white-space	该选项可以对源代码文字空格进行控制，包含 5 个属性值。 normal（正常）：设置 white-space 的属性值为 normal，将忽略源代码文字之间的所有空格。 nowrap（不换行）：设置 white-space 的属性值为 nowrap，可以设置文字不自动换行。 pre（保留）：设置 white-space 的属性值为 pre，将保留源代码中所有的空格形式，包括空格键、Tab 键和 Enter 键的空格。如果写了一首诗，使用普通的方法很难保留所有的空格形式。 pre-line（保留换行）：设置 white-space 的属性值为 pre-line，可以忽略空格，保留源代码中的换行。 pre-wrap（保留空格）：设置 white-space 的属性值为 pre-wrap，可以保留源代码中的空格，正常进行换行
vertical-align	该选项列表用于设置对象的垂直对齐方式，属性值包括 baseline（基线）、sub（下标）、super（上标）、top（顶部）、text-top（文本顶对齐）、middle（中线对齐）、bottom（底部）、text-bottom（文本底对齐）及自定义的数值
list-style-position	该属性用于设置列表项目缩进的程度。单击 inside（内）按钮▤，则列表缩进；单击 outside（外）按钮▤，则列表贴近左侧边框
list-style-image	该属性可以选择图像作为项目的引导符号
list-style-type	在该下拉列表中可以设置引导列表项目的符号类型，包含 disc（圆点）、circle（圆圈）、square（方块）、decimal（数字）、lower-roman（小写罗马数字）、upper-roman（大写罗马数字）、lower-alpha（小写字母）、upper-alpha（大写字母）和 none（无）等多个属性值

3.3.3　边框 CSS 样式属性

通过为网页元素设置边框 CSS 样式，可以对网页元素的边框颜色、粗细和样式进行设置。在"CSS 设计器"面板的"属性"选项区中单击"边框"图标■，在"属性"选项区中将显示边框相关的 CSS 属性，如图 3-18 所示。

边框相关的 CSS 样式属性说明如表 3-3 所示。

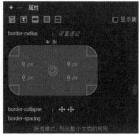

图 3-18　边框相关 CSS 属性

表 3-3　边框相关的 CSS 样式属性说明

CSS 属性	说　明
border	该属性用于设置元素的边框，包含 3 个子属性，分别是 width（边框宽度）、style（边框样式）和 color（边框颜色）。在 border 属性中单击"所有边"图标■，则下方 3 个子属性设置的是元素所有边的样式效果；如果单击"顶部"图标■，则下方 3 个子属性设置的是元素顶部边框的样式效果；如果单击"右侧"图标■，则下方 3 个子属性设置的是元素右侧边框的样式效果；如果单击"底部"图标■，则下方 3 个子属性设置的是元素底部边框的样式效果；如果单击"左侧"图标■，则下方 3 个子属性设置的是元素左侧边框的样式效果
border-radius	该属性是 CSS 3.0 中新增的属性，用于设置元素的圆角效果
border-collapse	该属性用于设置边框是否合成单一的边框，collapse ■是合并单一的边框，separate ■是分开边框，默认为分开
border-spading	该属性用于设置相邻边框之间的距离，前提是 border-collapse:separate;，第一个属性值表示垂直间距，第二个属性值表示水平间距

3.3.4　背景 CSS 样式属性

在使用 HTML 编写的页面中，背景只能使用单一的色彩或利用背景图像水平垂直方向平铺，而通过 CSS 样式可以更加灵活地对背景进行设置。在"CSS 设计器"面板中"属性"选项区中单击"背景"图标■，在"属性"选项区中将显示背景相关的 CSS 属性，如图 3-19 所示。

背景相关的 CSS 样式属性说明如表 3-4 所示。

图 3-19　背景相关的 CSS 属性

表 3-4　背景相关 CSS 样式属性说明

CSS 属性	说 明
background-color	该属性用于设置元素的背景颜色值
background-image	该属性用于设置元素的背景图像，在 Url 的文本框后可以直接输入背景图像的路径
background-position	该属性用于设置背景图像在元素中水平和垂直方向上的位置。水平方向上可以是 left（左对齐）、right（右对齐）和 center（居中对齐），垂直方向上可以是 top（上对齐）、bottom（底对齐）和 center（居中对齐），还可以设置数值表示背景图像的位置
background-size	该属性为 CSS 3.0 新增的属性，用于设置背景图像的尺寸
background-clip	该属性为 CSS 3.0 新增的属性，用于设置背景图像的裁切
background-repeat	该属性用于设置背景图像的平铺方式。该属性提供了 4 种重复方式：repeat ▦设置背景图像可以在水平和垂直方向平铺；repeat-x ▭设置背景图像只在水平方向平铺；repeat-y ▯设置背景图像只在垂直方向平铺；no-repeat ▫设置背景图像不平铺，只显示一次
background-origin	该属性为 CSS 3.0 新增的属性，用于设置背景图像的显示区域
background-attachment	如果以图像作为背景，可以设置背景图像是否随着页面一同滚动，在该下拉列表中可以选择 fixed（固定）或 scroll（滚动），默认为背景图像随着页面一同滚动
box-shadow	该属性为 CSS 3.0 新增的属性，为元素添加阴影效果。h-shadow 设置水平阴影的位置，v-shadow 设置垂直阴影的位置，blur 设置阴影的模糊距离，spread 设置阴影的尺寸，color 设置阴影的颜色，inset 将外部投影设置为内部投影

3.3.5　其他 CSS 样式属性

除了前面几节介绍的布局、文本、边框和背景相关的 CSS 样式属性，还有其他的 CSS 样式属性，这些样式属性在 "CSS 设计器" 面板中并没有直接给出属性名称，而是可以在 "属性" 选项区中 "其他" 类别中进行手动输入属性名称并设置属性值，如图 3-20 所示。这里建议读者自己手动编写 CSS 样式设置代码，这样能够有效提高读者对 CSS 样式属性和属性值的熟悉程度。

3.3.6　【课堂任务】：设置网页中的文字效果

图 3-20　"更多" 类别

> **提示**
>
> 在 "CSS 设计器" 面板的 "属性" 选项区中完成某个 CSS 样式属性的设置之后，可以选中 "显示集" 复选框，则在 "属性" 选项区中将只显示该 CSS 样式所设置的属性，隐藏其他没有设置的所有属性，从而方便用户的查看和修改操作。

素材文件：源文件 \ 第 3 章 \3-3-6.html　　案例文件：最终文件 \ 第 3 章 \3-3-6.html
案例要点：掌握 CSS 样式属性的设置

Step 01 打开页面 "源文件 \ 第 3 章 \3-3-6.html"，在设计视图中可以看到页面效果，如

图 3-21 所示。单击"CSS 设计器"面板"选择器"选项区左上角的"添加选择器"图标▦，
在文本框中输入类 CSS 样式名称为 .font01，如图 3-22 所示。

图 3-21　页面设计视图效果

图 3-22　输入类 CSS 样式名称

Step02 单击"CSS 设计器"面板中"属性"选项区的"文本"图标，对相关 CSS 属性进
行设置，如图 3-23 所示。转换到该网页所链接的外部 CSS 样式表文件中，可以看到所创建的
名为 .font01 的 CSS 样式代码，如图 3-24 所示。

图 3-23　设置文本相关 CSS 样式属性

图 3-24　CSS 样式代码

Step03 返回网页 HTML 代码中，为相应的文字应用名为 .font01 的类 CSS 样式，如图 3-25
所示。返回网页设计视图中，可以看到文字应用名为 font01 的类 CSS 样式后的效果，如
图 3-26 所示。

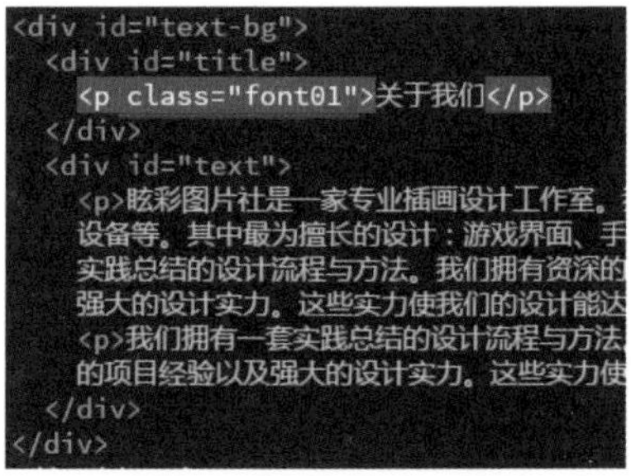

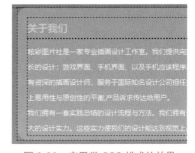

图 3-25　应用类 CSS 样式

图 3-26　应用类 CSS 样式的效果

Step04 转换到外部 CSS 样式表文件中，创建名称为 #text p 的 CSS 样式，对段落文字首行

缩进的 CSS 属性进行设置，如图 3-27 所示。返回网页设计视图中，可以看到页面中 ID 名称为 text 的 Div 中的段落文字首行会缩进 28 像素，如图 3-28 所示。

```
#text p {
    text-indent: 28px;
}
```

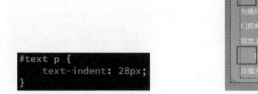

图 3-27　CSS 样式代码

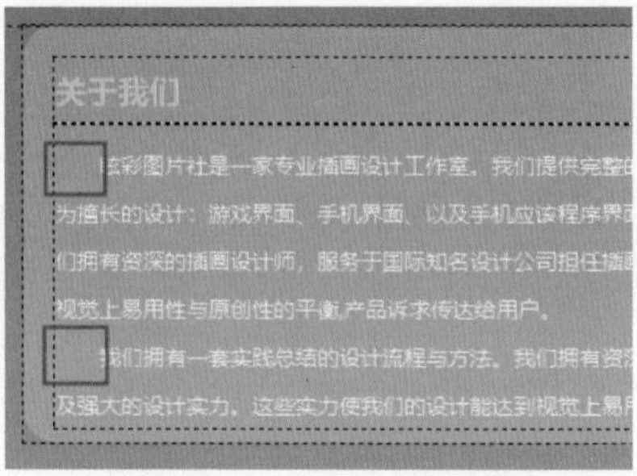

图 3-28　段落首行缩进效果

Step05 保存页面并保存外部 CSS 样式表文件，在浏览器中预览页面，效果如图 3-29 所示。

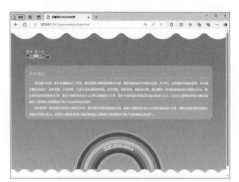

图 3-29　预览页面效果

提示

类 CSS 样式必须为网页元素应用才会起作用。另外，本实例所创建的名为 #text p 的 CSS 样式属于派生 CSS 样式，只针对页面中 ID 名称为 text 的元素中的 p 标签起作用，而不会对非 text 元素中的 p 标签起作用。

3.4 CSS 选择器

在 CSS 样式中提供了多种类型的 CSS 选择器，包括通配符选择器、标签选择器、类选择器、ID 选择器和伪类选择器等，还有一些特殊的选择器。在创建 CSS 样式时，首先需要了解各种选择器类型的作用。

3.4.1　认识不同类型的 CSS 选择器

CSS 样式的选择器类型比较多，不同类型的选择器针对的网页元素、起到的作用及应用方式是不同的。本节将带领读者认识各种类型的 CSS 选择器，以及各种 CSS 选择器的语法规则和使用方法。

1. 通配符选择器

所谓通配符选择器，是指对象可以使用模糊指定的方式进行选择。CSS 的通配符选择器使用 * 作为关键字，使用方法如下：

```
* {
  属性：属性值;
}
```

* 号表示 HTML 页面中的所有对象，包含所有不同 id 不同 class 的 HTML 标签。使用如上选择器进行样式定义，页面中所有对象都会使用相同的属性设置。

2. 标签选择器

HTML 文档是由多个不同的标签组成的，CSS 标签选择器可以用来控制标签的应用样式。例如，p 选择器用来控制页面中的所有 \<p> 标签的样式。

标签选择器的语法格式如下：

```
标签名 {
    属性：属性值;
}
```

如果在整个网站中经常会出现一些基本样式，可以采用具体的标签来命名，从而达到对文档中标签出现的地方应用标签样式。例如，对 \<body> 标签进行 CSS 样式设置，代码如下：

```
body {
    font-family: 微软雅黑;
    font-size: 14px;
    color: #333333;
}
```

3. ID 选择器

ID 选择器是根据 DOM 文档对象模型原理所出现的选择器类型，对于一个网页而言，其中的每个标签（或其他对象）均可以使用一个 id=" " 的形式，对 id 属性进行一个名称的指派，id 可以理解为一个标识，在网页中每个 id 名称只能使用一次。

```
<div id="top"></div>
```

如本例所示，HTML 中的一个 div 标签被指定了 id 名称为 top。

在 CSS 样式中，ID 选择器使用 # 进行标识，如果需要对 id 名为 top 的标签设置样式，应当使用如下格式：

```
#top {
    属性：属性值;
}
```

4. 类选择器

在网页设计中，标签选择器确实为我们提供了一种高效的方式来统一控制网页上所有相同标签的样式。然而，随着设计需求的深入和精细化，经常会遇到需要为特定标签赋予独特样式的情况，这时，标签选择器的通用性就显得有些力不从心。为了满足这些特殊需求，类（class）选择器应运而生，它允许用户为特定的元素或元素组赋予独一无二的样式，从而实现更为精细和个性化的设计效果。

类选择器用来为不同的标签定义相同的显示样式，其基本语法如下：

```
.类名称 {
    属性：属性值;
}
```

类名称表示类选择器的名称，其具体名称由 CSS 定义者自己命名。在定义类选择器时，需要在类名称前面加一个英文句点（.），代码如下：

```
.font01 { color: black;}
```

```
.font02 { font-size: 14px;}
```

以上定义了两个类选择器，分别是 font01 和 font02。类的名称可以是任意英文字符串，也可以是以英文字母开头与数字组合的名称，通常情况下，这些名称都是其效果与功能的简要缩写。

可以使用 HTML 标签的 class 属性来引用类 CSS 样式，代码如下：

```
<p class="font01"> 文字内容 </p>
```

以上所定义的类选择器被应用于指定的 HTML 标签中（如 <p> 标签），同时它还可以应用于不同的 HTML 标签中，使其显示出相同的样式。

```
<span class="font01"> 文字内容 </span>
<h1 class="font01"> 文字内容 </h1>
```

5. 伪类及伪对象选择器

伪类及伪对象是一种特殊的类和对象，由 CSS 样式自动支持，属于 CSS 的一种扩展类型和对象，名称不能被用户自定义，使用时只能够按标准格式进行应用，代码如下：

```
a:hover {
    background-color:#ffffff;
}
```

伪类和伪对象由以下两种形式组成：

```
选择器:伪类
选择器:伪对象
```

上面说到的 hover 便是一个伪类，用于指定对象的鼠标经过状态。CSS 样式中内置了几个标准的伪类，用于用户的样式定义。

CSS 样式中内置伪类的说明如表 3-5 所示。

表 3-5　CSS 样式中内置伪类的说明

伪　　类	说　　明
:link	该伪类用于设置超链接元素未被访问的样式
:hover	该伪类用于设置当鼠标移至指定元素上方时的样式
:active	该伪类用于设置当指定元素被点击并且还没有释放鼠标时的样式
:visited	该伪类用于设置超链接元素被访问过后的样式
:focus	该伪类用于设置当元素成为输入焦点时的样式
:first-child	该伪类用于设置指定元素的第一个子元素的样式
:first	该伪类用于设置指定页面的第一页使用的样式

CSS 样式中内置了几个标准伪对象用于用户的样式定义，CSS 样式中内置伪对象的说明如表 3-6 所示。

表 3-6　CSS 样式中内置伪对象说明

伪　对　象	说　　明
:after	该伪对象用于设置指定元素之后的内容
:first-letter	该伪对象用于设置指定元素中第一个字符的样式
:first-line	该伪对象用于设置指定元素中第一行的样式
:before	该伪对象用于设置指定元素之前的内容

实际上，除了对于链接样式控制的 :hover、:active 几个伪类，大多数伪类及伪对象在实际使用上并不常见。设计者接触到的 CSS 布局中，大部分是关于排版的样式，对于伪类及伪对象所支持的多类属性基本上很少用到，但是不排除使用的可能，由此也可看到 CSS 对于样式及样式中对象的逻辑关系、对象组织提供了很多便利的接口。

技巧

伪类 CSS 样式在网页中应用最广泛的是网页中的超链接，除此之外，还可以为其他的网页元素应用伪类 CSS 样式，特别是 :hover 伪类，该伪类是当鼠标移至元素上时的状态，通过该伪类 CSS 样式的应用，可以在网页中实现许多交互效果。

6. 派生选择器

例如，如下 CSS 样式代码：

```
h1 span {
    font-weight: bold;
}
```

当仅仅想对某个对象中的"子"对象进行样式设置时，派生选择器就被派上了用场。派生选择器指选择器组合中前一个对象包含后一个对象，对象之间使用空格作为分隔符，如本例所示，对 h1 下的 span 进行样式设置，最后应用到 HTML 是如下格式：

```
<h1>这是一段文本<span>这是span内的文本</span></h1>
<h1>单独的h1</h1>
<span>单独的span</span>
<h2>被h2标签套用的文本<span>这是h2下的span</span></h2>
```

h1 标签之中的 span 标签将被应用 font-weight:bold 的样式设置，注意，仅对有此结构的标签有效。对于单独存在的 h1 或单独存在的 span 及其他非 h1 标签下属的 span 均不会应用此样式。

这样做能避免过多的 id 及 class 的设置，直接对所需要设置的元素进行设置。派生选择器除了可以二者包含，也可以多级包含，如以下选择器样式同样能够使用。

```
body h1 span {
    font-weight: bold;
}
```

7. 群组选择器

可以对单个 HTML 对象进行 CSS 样式设置，也可以对一组对象进行相同的 CSS 样式设置，代码如下：

```
h1,h2,h3,p,span {
    font-size: 14px;
    font-family: 宋体;
}
```

使用逗号对选择器进行分隔，使得页面中所有的 <h1>、<h2>、<h3>、<p> 和 <span> 标签都将具有相同的样式，这样做的好处是对于页面中需要使用相同样式的地方只需要书写一次 CSS 样式即可实现，减少了代码量，改善了 CSS 代码的结构。

3.4.2　【课堂任务】：使用通配符选择器控制网页中的所有标签

素材文件：源文件 \ 第 3 章 \3-4-2.html　　案例文件：最终文件 \ 第 3 章 \3-4-2.html

案例要点：掌握选择器的创建与使用

Step 01 执行"文件 > 打开"命令，打开页面"源文件 \ 第 3 章 \3-4-2.html"，效果如图 3-30 所示。在浏览器中预览该页面，页面效果如图 3-31 所示。

图 3-30　打开页面　　　　　　　　　　　　图 3-31　预览页面效果

提示

通过观察浏览器中的页面效果，可以发现页面内容并没有顶到浏览器窗口的边界，这是因为网页中许多元素的边界和填充属性值并不为 0，其中就包括页面主体 <body> 标签，所以，页面内容并没有沿着浏览器窗口的边界显示。

Step 02 转换到该网页所链接的外部 CSS 样式表文件中，创建通配符 * 的 CSS 样式，如图 3-32 所示。保存外部 CSS 样式表文件，在浏览器中预览页面，可以看到页面内容与浏览器窗口之间的间距消失了，如图 3-33 所示。

图 3-32　CSS 样式代码　　　　　　　　　　图 3-33　预览页面效果

提示

在 HTML 页面中，很多标签默认的间距和填充均不为 0，包括 body、p、ul 等标签，这样就会导致在使用 CSS 样式进行定位布局时比较难控制，所以，在使用 CSS 样式对网页进行布局制作时，首先需要使用选择器将页面中所有元素的边距和填充均设置为 0，这样便于控制。

3.4.3 【课堂任务】：使用标签选择器设置网页的整体样式

素材文件：源文件 \ 第 3 章 \3-4-3.html　　案例文件：最终文件 \ 第 3 章 \3-4-3.html
案例要点：掌握标签选择器的创建与使用

Step01 执行"文件＞打开"命令，打开页面"源文件＼第 3 章＼3-4-3.html"，效果如图 3-34 所示。在浏览器中预览该页面，页面效果如图 3-35 所示。

图 3-34　打开页面

图 3-35　预览页面效果

Step02 转换到该网页所链接的外部 CSS 样式表文件中，创建 body 标签的 CSS 样式，如图 3-36 所示。保存外部 CSS 样式表文件，在浏览器中预览页面，可以看到页面整体的效果，如图 3-37 所示。

```
body {
    font-family: 微软雅黑;
    font-size: 20px;
    color: #FFFFFF;
    background-color: #021037;
    background-image: url("../images/34301.jpg");
    background-repeat: no-repeat;
    background-position: center top;
}
```

图 3-36　CSS 样式代码

图 3-37　预览页面效果

提示

在此处的 body 标签 CSS 样式中，定义了页面中默认的字体、字号大小和字体颜色，以及页面整体的背景颜色、背景图像、背景图像平铺方式和背景图像定位。

技巧

HTML 标签在网页中都是具有特定作用的，并且有些标签在一个网页中只能出现一次，如 body 标签，如果定义了两次 body 标签的 CSS 样式，则两个 CSS 样式中相同属性设置会出现覆盖的情况。

3.4.4　【课堂任务】：创建和使用 ID CSS 样式

素材文件：源文件＼第 3 章＼3-4-4.html　　案例文件：最终文件＼第 3 章＼3-4-4.html
案例要点：掌握 ID 选择器样式的创建与使用

Step01 执行"文件＞打开"命令，打开页面"源文件＼第 3 章＼3-4-4.html"，可以看到该页面的 HTML 代码，如图 3-38 所示。转换到设计视图中，可以看到页面中 id 名称为 logo 的 Div，默认在页面中占据一整行空间，并且在容器中是居左居顶显示的，如图 3-39 所示。

图 3-38　网页 HTML 代码　　　　　图 3-39　设计视图效果

提示

在该网页中 id 中称为 logo 的 Div 没有设置相应的 CSS 样式，所以，其内容在网页中的显示效果为默认的效果，并不符合页面整体风格的需要。

Step02 切换到该网页所链接的外部 CSS 样式表文件中，创建名称为 #logo 的 ID CSS 样式，如图 3-40 所示。保存外部 CSS 样式表文件，在浏览器中预览页面，可以看到 id 名称为 logo 的元素的显示效果，如图 3-41 所示。

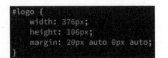

图 3-40　CSS 样式代码　　　　　图 3-41　预览页面效果

提示

ID CSS 样式是针对网页中唯一 ID 名称的元素，在为网页中的元素设置 ID 名称时需要注意，ID 名称可以包含任何字母和数字组合，但是不能以数字或特殊字符开头，ID 选择器样式的命名必须以 # 开头，接着是 ID 名称。

3.4.5　【课堂任务】：创建和使用类 CSS 样式

素材文件：源文件 \ 第 3 章 \3-4-5.html　　案例文件：最终文件 \ 第 3 章 \3-4-5.html
案例要点：掌握类选择器的创建与使用

Step01 执行"文件 > 打开"命令，打开页面"源文件 \ 第 3 章 \3-4-5.html"，可以看到该页面的 HTML 代码，如图 3-42 所示。在浏览器中预览该页面，可以看到页面背景及页面中默认的文字效果，如图 3-43 所示。

图 3-42　网页 HTML 代码　　　　　　　　　　　图 3-43　预览页面效果

Step02 切换到该网页所链接的外部 CSS 样式表文件中，创建名称为 .font01 的类 CSS 样式，如图 3-44 所示。返回网页 HTML 代码中，为相应的文字添加 <span> 标签，并在 <span> 标签中通过 class 属性应用相应的类 CSS 样式，如图 3-45 所示。

```css
.font01 {
    font-family: Arial;
    font-size: 90px;
    line-height: 120px;
    color: #FFFFFF;
    letter-spacing: 10px;
}
```

图 3-44　CSS 样式代码

```html
<body>
<div id="logo">
    <img src="images/34502.png" width="179" height="68" alt="">
</div>
<div id="text">
    <span class="font01">FRESH VISION</span><br>
    <br>
    进入网站　了解更多 〉〉
    </div>
</body>
```

图 3-45　应用类 CSS 样式

提示

ID 选择器与类选择器有一定的区别，ID 选择器并不像类选择器那样可以给任意数量的标签定义样式，它在页面的标签中只能使用一次；同时，ID 选择器比类选择器还具有更高的优先级，当 ID 选择器与类选择器发生冲突时，将会优先使用 ID 选择器。

Step03 保存页面和外部 CSS 样式表文件，在浏览器中预览页面，可以看到应用了类 CSS 样式后的文字效果如图 3-46 所示。返回到外部 CSS 样式表文件中，创建名称为 .font02 的类 CSS 样式，如图 3-47 所示。

图 3-46　应用 CSS 样式后的文字效果

```css
.font02 {
    font-family: 微软雅黑;
    font-size: 18px;
    color: #FFFFFF;
    text-decoration: underline;
}
```

图 3-47　CSS 样式代码

Step04 返回网页 HTML 代码中，为相应的文字添加 <span> 标签，并在 <span> 标签中通过 class 属性应用相应的类 CSS 样式，如图 3-48 所示。保存页面和外部 CSS 样式表文件，在浏览器中预览页面，可以看到页面效果如图 3-49 所示。

图 3-48　应用类 CSS 样式　　　　　图 3-49　应用 CSS 样式后的文字效果

提示

　　新建类 CSS 样式时，默认在类 CSS 样式名称前有一个 "."。这个 "." 说明此 CSS 样式是一个类 CSS 样式（class）。根据 CSS 规则，类 CSS 样式（class）必须为网页中的元素应用才会生效。类 CSS 样式可以在一个 HTML 页面中被多次调用。

3.4.6　【课堂任务】：设置网页中超链接的伪类样式

　　素材文件：源文件 \ 第 3 章 \3-4-6.html　　案例文件：最终文件 \ 第 3 章 \3-4-6.html
　　案例要点：掌握超链接伪类样式的创建与使用

　　Step 01 打开页面 "源文件 \ 第 3 章 \3-4-6.html"，可以看到该页面的 HTML 代码，如图 3-50 所示。为页面中相应的文字添加超链接标签，设置空链接，如图 3-51 所示。

图 3-50　网页 HTML 代码　　　　　图 3-51　为文字设置超链接

　　Step 02 在浏览器中预览该页面，可以看到网页中默认的超链接文字的效果如图 3-52 所示。转换到该文件所链接的外部 CSS 样式表文件中，创建超链接标签 a 的 4 种伪类 CSS 样式，如图 3-53 所示。

技巧

　　通过对超链接 <a> 标签的 4 种伪类 CSS 样式进行设置，可以控制网页中所有的超链接文字的样式。如果需要在网页中实现不同的超链接样式，可以定义类 CSS 样式的 4 种伪类或 ID CSS 样式的 4 种伪类来实现。

　　Step 03 切换到设计视图，可以看见链接文字的效果如图 3-54 所示。保存页面，并保存外部 CSS 样式表文件，在浏览器中预览页面，可以看到页面中超链接文字的效果如图 3-55 所示。

图 3-52　超链接文字默认显示效果

图 3-53　CSS 样式代码

图 3-54　超链接文字效果

图 3-55　预览超链接文字效果

3.4.7 【课堂任务】：创建并应用派生选择器样式

素材文件：源文件 \ 第 3 章 \3-4-7.html　　案例文件：最终文件 \ 第 3 章 \3-4-7.html
案例要点：掌握派生选择器的创建与使用

Step01 打开页面 "源文件 \ 第 3 章 \3-4-7.html"，可以看到该页面的 HTML 代码，如图 3-56 所示。在浏览器中预览该页面，可以看到页面中 id 名称为 box 的 Div 中所包含的 3 张图片的默认显示效果，如图 3-57 所示。

图 3-56　HTML 页面代码

图 3-57　预览页面效果

Step02 返回到该网页所链接的外部 CSS 样式表文件中，创建名称为 #box img 的派生 CSS 样式，如图 3-58 所示。保存页面，并保存外部 CSS 样式表文件，在浏览器中预览页面，可以看到页面中 id 名称为 box 的 Div 中所包含的 3 张图片应用了相同的 CSS 样式设置效果，如图 3-59 所示。

图 3-58　CSS 样式代码　　　　　　　　　　图 3-59　预览页面效果

提示

　　此处通过派生 CSS 样式定义了网页中 id 名称为 box 的元素中的 <img> 标签，也就是定义了 id 名称为 box 元素中的图片，主要设置了图片的上边距、下边距和边框。此处的定义仅针对 id 名称为 box 的元素中所包含的图片起作用，不会对网页中其他的图片起作用。

技巧

　　派生选择器是指选择符组合中的前一个对象包含后一个对象，对象之间使用空格作为分隔符。这样做能够避免定义过多的 ID 和类 CSS 样式，直接对需要设置的元素进行设置。派生选择器除了可以二级包含，也可以多级包含。

3.4.8　【课堂任务】：同时定义多个网页元素样式

　　素材文件：源文件 \ 第 3 章 \3-4-8.html　　案例文件：最终文件 \ 第 3 章 \3-4-8.html
　　案例要点：掌握群组选择器的创建与使用

　　Step 01 打开页面"源文件 \ 第 3 章 \3-4-8.html"，可以看到该页面的 HTML 代码，如图 3-60 所示。切换到设计视图，可以看到 id 名称为 pic1 至 pic4 的这 4 个 Div 目前并没有设置 CSS 样式效果，所以其显示为默认效果，如图 3-61 所示。

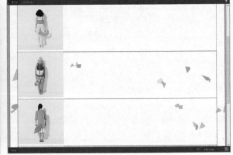

图 3-60　网页 HTML 代码　　　　　　　　　图 3-61　设计视图效果

　　Step 02 在浏览器中预览页面，可以看到 pic1 至 pic4 这 4 个 Div 默认的显示效果，如图 3-62 所示。返回到该网页所链接的外部 CSS 样式表文件中，创建名为 #pic1、#pic2、#pic3、#pic4 的群组选择器样式，如图 3-63 所示。

图 3-62　预览页面效果

图 3-63　CSS 样式代码

Step 03 切换到设计视图，可以看到 id 名称为 pic1 至 pic4 的这 4 个 Div 同时设置 CSS 样式后的效果，如图 3-64 所示。保存页面，并保存外部 CSS 样式表文件，在浏览器中预览页面，可以看到页面的效果，如图 3-65 所示。

图 3-64　设计视图效果

图 3-65　预览页面效果

提示

在群组选择器中使用逗号对各选择器名称进行分隔，使得群组选择器中所定义的多个选择器均具有相同的 CSS 样式定义，这样做的好处是使页面中需要使用相同样式的地方只需要书写一次 CSS 样式即可实现，减少了代码量。

3.5　使用 CSS 样式的方式

在网页中包含多种使用 CSS 样式的方法，每种方法都有不同的应用方式和优缺点，本节将介绍在网页中使用 CSS 样式的多种方法。

3.5.1　网页使用 CSS 样式的 4 种方式

在网页中使用 CSS 样式表有 4 种方式：内联 CSS 样式、内部 CSS 样式、链接外部 CSS 样式和导入外部 CSS 样式。在实际操作中，根据设计的不同要求来进行选择。

1. 内联 CSS 样式

内联 CSS 样式是所有 CSS 样式中比较简单和直观的方法，就是直接把 CSS 样式代码添加到 HTML 的标签中，即作为 HTML 标签的属性存在。通过这种方法，可以很简单地对某个元素单独定义样式。

使用内联 CSS 样式是直接在 HTML 标签中使用 style 属性,该属性的内容就是 CSS 的属性和值,其应用格式如下:

```
<p style="font-family: 宋体 ; font-size:14px; color:#333333;"> 内联样式 </p>
```

内联 CSS 样式由 HTML 文件中元素的 style 属性支持,只需要将 CSS 代码用 ";" 隔开,输入在 style="" 中,便可以完成对当前标签的样式定义。内联 CSS 样式是 CSS 样式定义的一种基本形式。

2. 内部 CSS 样式

内部 CSS 样式就是将 CSS 样式代码添加到 <head> 与 </head> 标签之间,并且用 <style> 与 <style> 标签进行声明。这种写法虽然没有完全实现页面内容与 CSS 样式表现得完全分离,但可以将内容与 HTML 代码分离在两个部分进行统一的管理,代码如下:

```
...
    <head>
    <title>内部样式表</title>
    <style type="text/css">
    body{
        font-family: 宋体;
        font-size: 14px;
        color: #333333;
    }
    </style>
    </head>
    <body>
    内部CSS样式
    </body>
...
```

因为内部 CSS 样式是 CSS 样式的初级应用形式,只针对当前页面有效,不能跨页面执行,所以,达不到 CSS 代码多用的目的,在实际的大型网站开发中,很少会用得到内部 CSS 样式。

3. 链接外部 CSS 样式

外部 CSS 样式表文件是 CSS 样式中较为理想的一种形式。将 CSS 样式代码单独编写在一个独立文件之中,由网页进行调用,多个网页可以调用同一个外部 CSS 样式表文件,因此,能够实现代码的最大化重用及网站文件的最优化配置。

链接外部 CSS 样式是指在外部定义 CSS 样式并形成以 .css 为扩展名的文件,在网页中通过 <link> 标签将外部的 CSS 样式文件链接到网页中,而且该语句必须放在页面的 <head> 与 </head> 标签之间,其语法格式如下:

```
<link rel="stylesheet" type="text/css" href="CSS 样式表文件 ">
```

rel 属性指定链接到 CSS 样式,其值为 stylesheet;type 属性指定链接的文件类型为 CSS 样式表;href 属性指定所定义链接的外部 CSS 样式文件的路径,可以使用相对路径和绝对路径。

4. 导入外部 CSS 样式

导入外部 CSS 样式表文件与链接外部 CSS 样式表文件基本相同,都是创建一个独立的 CSS 样式表文件,然后引入到 HTML 文件中,只不过在语法和运作方式上有所区别。采用导入的 CSS 样式,在 HTML 文件初始化时,会被导入到 HTML 文件内,成为文件的一部分,类似于内部 CSS 样式。

导入的外部 CSS 样式表文件是指在嵌入样式的 <style> 与 </style> 标签中,使用 @import 命令导入一个外部 CSS 样式表文件。

3.5.2　【课堂任务】：链接外部 CSS 样式表文件

素材文件：源文件 \ 第 3 章 \3-5-2.html　　案例文件：最终文件 \ 第 3 章 \3-5-2.html
案例要点：掌握创建和链接外部 CSS 样式表文件的方法

Step01 打开页面"光盘 \ 源文件 \ 第 3 章 \3-5-2.html"，可以看到该页面的 HTML 代码，如图 3-66 所示。在浏览器中预览该页面，当前页面并没有使用任何 CSS 样式，如图 3-67 所示。

图 3-66　网页 HTML 代码

图 3-67　预览页面效果

> **提示**
>
> 应用 CSS 样式的目的在于实现良好的网站文件管理及样式管理，分离式的结构有助于合理分配表现与内容。

Step02 单击"CSS 设计器"面板"源"选项区的"添加 CSS 源"按钮，在弹出的菜单中选择"创建新的 CSS 文件"选项，在弹出的对话框中单击"文件 /Url"选项后的"浏览"按钮，浏览到需要创建外部 CSS 样式表文件的位置，如图 3-68 所示。单击"保存"按钮，创建外部 CSS 样式表文件，返回到"创建新的 CSS 文件"对话框中，如图 3-69 所示。

图 3-68　"将样式表文件另存为"对话框

图 3-69　"创建新的 CSS 文件"对话框

Step03 在"添加为"选项组中选中"链接"单选按钮，单击"确定"按钮，链接刚创建的外部 CSS 样式表文件，在"CSS 设计器"面板的"源"选项区中可以看到链接的外部 CSS 样式表文件，如图 3-70 所示。切换到"代码"视图，可以在页面头部的 <head> 与 </head> 标签之间看到链接外部 CSS 样式表的代码，如图 3-71 所示。

图 3-70　"源"选项区

图 3-71　链接外部 CSS 样式表文件代码

技巧

　　除了可以通过"CSS 设计器"面板创建新的外部 CSS 样式表文件，还可以执行"文件 >
新建"命令，在弹出的"新建文档"对话框中选择"文件类型"为 CSS，同样可以创建一个
CSS 样式表文件。再通过"CSS 设计器"面板或直接添加链接外部 CSS 样式表文件代码，
将其链接到当前页面中。

　　Step 04 转换到刚链接的外部 CSS 样式表文件中，创建名为 * 的通配符 CSS 样式和名为
body 的标签 CSS 样式，如图 3-72 所示。切换到"设计"视图，可以看到页面的效果，如
图 3-73 所示。

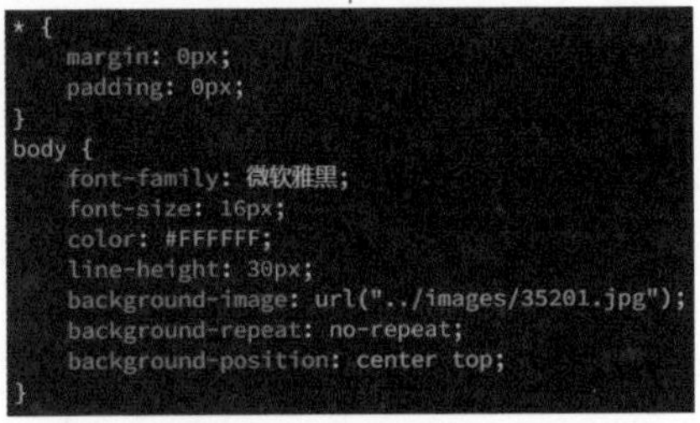

图 3-72　CSS 样式代码

图 3-73　页面设计视图效果

　　Step 05 转换到外部 CSS 样式表文件中，创建名为 #menu 和名为 #text 的 CSS 样式，如
图 3-74 所示。在"设计"视图中可以看到页面的效果，如图 3-75 所示。

图 3-74　CSS 样式代码

图 3-75　页面设计视图效果

　　Step 06 保存页面并保存外部 CSS 样式表文件，在浏览器中预览该页面，可以看到页面的
效果，如图 3-76 所示。

| 提示 |

　　推荐使用链接外部 CSS 样式文件的方式在网页中应用 CSS 样式，其优势主要如下：①独立于 HTML 文件，便于修改；②多个文件可以引用同一个 CSS 样式文件；③CSS 样式文件只需要下载一次，就可以在其他链接了该文件的页面内使用；④浏览器会先显示 HTML 内容，然后根据 CSS 样式文件进行渲染，从而使访问者可以更快地看到内容。

图 3-76　预览页面效果

3.6　CSS 3.0 新增的颜色定义方法

　　在网页设计中，色彩搭配的巧妙运用是吸引用户目光的关键要素。CSS 3.0 的引入，为我们在网页中定义颜色提供了更为丰富和灵活的方法。本节将介绍 CSS 3.0 新增的颜色定义方法。

3.6.1　HSL 颜色定义方法

　　HSL 是一种工业界广泛使用的颜色标准，通过对色调（H）、饱和度（S）和亮度（L）3 个颜色通道的改变，以及它们相互之间的叠加来获得各种颜色。CSS 3.0 中新增了 HSL 颜色设置方式，在使用 HSL 方法设置颜色时，需要定义 3 个值，分别是色调（H）、饱和度（S）和亮度（L）。HSL 颜色定义语法如下：

```
hsl (<length>,<percentage>,<percentage>);
```

　　HSL 的相关属性值说明如表 3-7 所示。

表 3-7　HSL 的相关属性值说明

属　性　值	说　　　明
<length>	表示 Hue（色调）的取值，例如，0（或 360）表示红色，120 表示绿色，240 表示蓝色，除了这几个数值，还可以用其他的数值表示不同的色调
<percentage>	表示 Saturation（饱和度），取值为 0% ～ 100%
<percentage>	表示 Lightness（亮度），取值为 0% ～ 100%

3.6.2　HSLA 颜色定义方法

　　HSLA 是 HSL 颜色定义方法的扩展，在色相、饱和度、亮度三要素的基础上增加了不透明度的设置。使用 HSLA 颜色定义方法，能够灵活设置各种不同的透明效果。HSLA 颜色定义的语法如下：

```
hsla (<length>,<percentage>,<percentage>,<opacity>);
```

　　前 3 个属性与 HSL 颜色定义方法的属性相同，第四个参数用于设置颜色的不透明度，取值范围为 0 ～ 1。如果值为 0，则表示颜色完全透明；如果值为 1，则表示颜色完全不透明。

3.6.3 RGBA 颜色定义方法

RGBA 是在 RGB 的基础上多了控制 Alpha 透明度的参数。RGBA 颜色定义语法如下：

```
rgba (r,g,b,<opacity>);
```

R、G 和 B 分别表示红色、绿色和蓝色 3 种原色所占的比重，R、G 和 B 的值可以是正整数或百分数，正整数值的取值范围为 0~255，百分比数值的取值范围为 0%~100%，超出范围的数值将被截至其最近的取值极限。注意，并非所有浏览器都支持百分数值。第四个属性值 <opacity> 表示不透明度，取值范围为 0~1。

3.6.4 【课堂任务】：为网页元素设置半透明背景颜色

素材文件：源文件 \ 第 3 章 \3-6-4.html　　　　案例文件：最终文件 \ 第 3 章 \3-6-4.html
案例要点：掌握 HSLA 和 RGBA 颜色设置方式

Step 01 执行"文件 > 打开"命令，打开页面"源文件 \ 第 3 章 \3-6-4.html"，可以看到页面的 HTML 代码，如图 3-77 所示。在浏览器中预览该页面，可以看到 id 名称为 box 的元素显示为纯黑的实色背景，如图 3-78 所示。

图 3-77　网页 HTML 代码　　　　　　　图 3-78　预览页面效果

Step 02 转换到该网页所链接的外部 CSS 样式表文件中，找到名为 #box 的 CSS 样式，如图 3-79 所示。在名为 #box 的 CSS 样式代码中修改背景颜色，并使用 HSLA 颜色定义方法，如图 3-80 所示。

```
#box {
    height: auto;
    overflow: hidden;
    padding-top: 20px;
    padding-bottom: 20px;
    text-align: center;
    font-size: 30px;
    font-weight: bold;
    line-height: 50px;
    position: absolute;
    width: 100%;
    top: 30px;
    background-color:#000000;
}
```

```
#box {
    height: auto;
    overflow: hidden;
    padding-top: 20px;
    padding-bottom: 20px;
    text-align: center;
    font-size: 30px;
    font-weight: bold;
    line-height: 50px;
    position: absolute;
    width: 100%;
    top: 30px;
    background-color: hsla(0,0%,0%,0.3);
}
```

图 3-79　CSS 样式代码　　　　　　　图 3-80　修改背景颜色设置方式

Step 03 保存页面并保存外部样式表文件，在浏览器中预览页面，可以看到元素半透明背景颜色效果，如图 3-81 所示。转换到外部 CSS 样式表文件中，将 HSLA 颜色设置方法修改为 RGBA 颜色设置方法，如图 3-82 所示。

图 3-81　预览页面效果

```
#box {
    height: auto;
    overflow: hidden;
    padding-top: 20px;
    padding-bottom: 20px;
    text-align: center;
    font-size: 30px;
    font-weight: bold;
    line-height: 50px;
    position: absolute;
    width: 100%;
    top: 30px;
    background-color: rgba(0,0,0,0.2);
}
```

图 3-82　修改背景颜色设置方式

Step 04 切换到"设计"视图，可以看到为网页元素设置半透明背景颜色的效果，如图 3-83 所示。保存页面并保存外部样式表文件，在浏览器中预览页面，效果如图 3-84 所示。

图 3-83　设计视图效果

图 3-84　预览页面效果

> **技巧**
>
> 　　在 Photoshop 的拾色器对话框中提供了多种颜色值，其中就包括 RGB 颜色值和十六进制颜色值，所以，十六进制颜色值与 RGB 颜色值的相互转换非常方便。虽然 Photoshop 中并没有提供 HSL 颜色值，但是在网络上能够找到很多颜色值转换的小工具，可以很方便地将 RGB 或十六进制颜色值转换成 HSL 颜色值。

3.7　CSS 3.0 新增的文字设置属性

对于网页而言，文字永远都是不可缺少的重要元素，文字也是传递信息的主要手段。在 CSS 3.0 中新增加了几种有关网页文字控制的属性，本节将对 CSS 3.0 新增的几种文字设置属性进行介绍。

3.7.1　text-overflow 属性

text-overflow 属性解决了以前需要程序或者 JavaScript 脚本才能够完成的事情。text-overflow 属性的语法格式如下：

```
text-overflow: clip | ellipsis;
```

text-overflow 属性参数比较简单，只有两个属性值，如表 3-8 所示。

表 3-8 text-overflow 属性值说明

属 性 值	说　　明
clip	当文本内容发生溢出时，不显示省略标记（…），而是简单地裁切
ellipsis	当文本内容发生溢出时，显示省略标记（…），省略标记插入的位置是最后一个字符

text-overflow 属性仅用于决定文本溢出时是否显示省略标记（…），并不具备样式定义的功能。要实现文本溢出时裁切文本显示省略标记（…）的效果，还需要如下两个 CSS 属性的配合：强制文本在一行内显示（white-space:nowrap）和溢出内容隐藏（overflow:hidden），并且需要定义容器的宽度，只有这样才能实现文本溢出时裁切文本显示省略标记（…）的效果。

3.7.2 word-wrap 属性

CSS 3.0 中新增了 word-wrap 属性，通过该属性能够实现长单词与 Url 地址的自动换行处理。word-wrap 属性的语法格式如下：

```
word-wrap: normal | break-word;
```

word-wrap 属性的属性值说明如表 3-9 所示。

表 3-9 word-wrap 属性值说明

属 性 值	说　　明
normal	默认值，浏览器只在半角空格或连字符的地方进行换行
break-word	内容将在边界内换行

3.7.3 word-break 和 word-space 属性

word-break 属性用于设置文本自动换行的处理方式，通过 word-break 属性的设置，可以让浏览器实现在文本中任意位置换行。

```
word-break: normal | break-all | keep-all;
```

word-break 属性的属性值与使用的文本语言有关系。word-break 属性的属性值说明如表 3-10 所示。

表 3-10 word-break 属性的属性值说明

属 性 值	说　　明
normal	默认值，根据语言自身的规则确定容器内文本换行的方式。中文遇到容器边界自动换行，英文遇到容器边界从整个单词换行
break-all	允许强行截断英文单词，达到词内换行效果
keep-all	不允许强行将字断开。如果内容为中文，则将前后标点符号内的一个汉字短语整个换行；如果内容为英文，则单词整个换行；如果出现某个英文字符长度超出容器边界，则后面的部分将撑破容器；如果边框为固定属性，则后面部分无法显示

在前面介绍 text-overflow 属性时使用到了 white-space 属性，text-overflow 属性要想实现溢出文本控制功能，就需要 white-space 属性的配合。white-space 属性主要用来声明建立布局过程中如何处理元素中的空白符。

white-space 属性早在 CSS 2.1 中就出现了。CSS 3.0 在原有的基础上为该属性增加了两个属性值。white-space 属性的语法格式如下：

```
white-space: normal | pre | nowrap | pre-line | pre-wrap | inherit;
```

white-space 属性的属性值说明如表 3-11 所示。

表 3-11　white-space 属性的属性值说明

属 性 值	说　　明
normal	默认值，空白会被浏览器忽略
pre	文本内容中的空白会被浏览器保留，其行为方式类似于 HTML 中的 <pre> 标签效果
nowrap	文本内容会在同一行上显示，不会自动换行，直到遇到换行标 为止
pre-line	合并空白符序列，但是保留换行符
pre-wrap	保留空白符序列，但是正常地进行换行
inherit	继承父元素的 white-space 属性值，该属性值在所有 IE 浏览器中都不支持

3.7.4　text-shadow 属性

在 text-shadow 属性没有出现之前，如果需要实现文本的阴影效果，只能将文本在 Photoshop 中制作成图片的形式插入到网页中，这种方式使用起来非常不便。CSS 3.0 新增了 text-shadow 属性，通过使用该属性可以直接对网页中的文本设置阴影效果。

要想掌握 text-shadow 属性在网页中的应用，首先需要理解其语法规则，text-shadow 属性的语法格式如下：

```
text-shadow: h-shadow v-shadow blur color;
```

text-shadow 属性包含 4 个属性参数，每个属性参数都有自己的作用。text-shadow 属性的属性参数说明如表 3-12 所示。

表 3-12　text-shadow 属性的属性参数说明

属性参数	说　　明
h-shadow	该参数是必需参数，用于设置阴影在水平方向上的位移值。该参数值可以取正值，也可以取负值，如果取正值，则阴影在对象的右侧；如果取负值，则阴影在对象的左侧
v-shadow	该参数是必需参数，用于设置阴影在垂直方向上的位移值。该参数值可以取正值，也可以取负值，如果取正值，则阴影在对象的底部；如果取负值，则阴影在对象的顶部
blur	该参数是可选参数，用于设置阴影的模糊半径，代表阴影向外模糊的范围。该参数值只能取正值，参数值越大，阴影向外模糊的范围越大，阴影的边缘就越模糊。该参数值为 0 时，表示阴影不具有模糊效果
color	该参数是可选参数，用于设置阴影的颜色，该参数的取值可以是颜色关键词、十六进制颜色值、RGB 颜色值、RGBA 颜色值等。如果不设置阴影颜色，则会使用文本的颜色作为阴影颜色

技巧

可以使用 text-shadow 属性为文本指定多个阴影效果，并且可以针对每个阴影使用不同的颜色。指定多个阴影时需要使用逗号将多个阴影进行分隔。text-shadow 属性的多阴影效果将按照所设置的顺序应用，因此，前面的阴影有可能会覆盖后面的阴影，但是它们永远不会覆盖文字本身。

3.7.5 【课堂任务】：为网页文字设置阴影效果

素材文件：源文件 \ 第 3 章 \3-7-5.html　　案例文件：最终文件 \ 第 3 章 \3-7-5.html
案例要点：掌握使用 text-shadow 属性为文字设置阴影

Step01 执行"文件 > 打开"命令，打开页面"源文件 \ 第 3 章 \3-7-5.html"，可以看到该页面的 HTML 代码，如图 3-85 所示。在浏览器中预览该页面，可以看到页面中文字的效果，如图 3-86 所示。

图 3-85　网页 HTML 代码　　　　　　　图 3-86　预览页面效果

Step02 转换到该网页所链接的外部 CSS 样式表文件中，找到名为 #text 的 CSS 样式设置代码，在该 CSS 样式中添加 text-shadow 属性设置代码，如图 3-87 所示。保存外部 CSS 样式表文件，在浏览器中预览该页面，可以看到文字添加的阴影效果，如图 3-88 所示。

图 3-87　添加 text-shadow 属性设置代码　　　　图 3-88　预览文字阴影效果

Step03 转换到外部 CSS 样式表文件中，在名为 #text 的 CSS 样式中修改 text-shadow 属性设置代码，如图 3-89 所示。保存外部 CSS 样式表文件，在浏览器中预览该页面，可以看到向四周发散的文字阴影效果，如图 3-90 所示。

图 3-89　修改 text-shadow 属性设置代码　　　　图 3-90　预览文字阴影效果

3.7.6　@font-face 规则

在 CSS 的字体样式中，通常会受到客户端的限制，只有在客户端安装了该字体后，样式才能正确显示。如果使用的不是常用的字体，那么，对于没有安装该字体的用户而言，是看不到真正的文字样式的。因此，设计师应避免使用不常用的字体，更不能使用艺术字体。

为了弥补这一缺陷，CSS 3.0 新增了字体自定义功能，通过 @font-face 规则来引用互联网任意服务器中存在的字体。这样，在设计页面时，就不会因为字体稀缺而受限制。

只需要将字体放置在网站服务器端，即可在网站页面中使用 @font-face 规则来加载服务器端的特殊字体，从而在网页中表现出特殊字体的效果，不管用户端是否安装了对应的字体，网页中的特殊字体都能够正常显示。

通过 @font-face 规则可以加载服务器端的字体文件，让客户端显示客户端所没有安装的字体，@font-face 规则的语法格式如下：

@font-face: {font-family: 属性值 ; font-style: 属性值 ; font-variant: 属性值 ; font-weight: 属性值 ; font-stretch: 属性值 ; font-size: 属性值 ; src: 属性值 ; }

@font-face 规则的相关属性说明如表 3-13 所示。

表 3-13　@font-face 规则的相关属性说明

属性参数	说　明
font-family	设置自定义字体名称，最好使用默认的字体文件名
font-style	设置自定义字体的样式
font-variant	设置自定义字体是否大小写
font-weight	设置自定义字体的粗细
font-stretch	设置自定义字体是否横向拉伸变形
font-size	设置自定义字体的大小
src	设置自定义字体的相对路径或者绝对路径，可以包含 format 信息。注意，此属性只能在 @font-face 规则中使用

提示

@font-face 规则和 CSS 3.0 中的 @media、@import、@keyframes 等规则一样，都是用关键字符 @ 封装多项规则。@font-face 的 @ 规则主要用于指定自定义字体，然后在其他 CSS 样式中调用 @font-face 中自定义的字体。

3.7.7　【课堂任务】：在网页中实现特殊字体效果

素材文件：源文件 \ 第 3 章 \3-7-7.html　　案例文件：最终文件 \ 第 3 章 \3-7-7.html
案例要点：掌握使用 @font-face 规则在网页中嵌入 Web 字体

Step01 执行"文件 > 打开"命令，打开页面"源文件 \ 第 3 章 \3-7-7.html"，可以看到页面的 HTML 代码，如图 3-91 所示。在浏览器中预览该页面，可以看到系统所支持的字体显示效果，如图 3-92 所示。

Step02 转换到该网页链接的外部 CSS 样式表文件中，创建 @font-face 规则，在该规则中引用准备好的特殊字体文字，如图 3-93 所示。在名为 #text 的 CSS 样式中添加 font-family 属性设置，设置其属性值为在 @font-face 中声明的字体名称，如图 3-94 所示。

图 3-91　网页 HTML 代码　　　　　　　　　　　　　　　图 3-92　预览页面效果

图 3-93　创建自定义字体　　　　　　　　　　　　　　　图 3-94　设置字体为自定义字体

> **提示**
>
> 　　在 @font-face 规则中，通过 font-family 属性声明了字体名称 myfont1，并通过 src 属性指定了字体文件的 Url 相对地址，不同的浏览器支持的字体格式有所不同，为了能够在不同浏览器中保持统一的显示效果，这里指定了多种不同格式的字体文件。在接下来名称为 #text 的 CSS 样式中，就可以在 font-family 属性中设置字体名称为 @font-face 规则中所声明的字体名称 myfont1，从而应用所加载的特殊字体。

Step03 保存外部 CSS 样式文件，在浏览器中预览页面，可以看到页面中特殊字体的效果，如图 3-95 所示。

图 3-95　在浏览器中看到特殊字体效果

> **技巧**
>
> 　　通常下载的字体文件都是单一格式的，那么如何才能得到该字体的其他格式文件呢？其实每种格式的文件都可以用专门的工具转换得到，同时也有专门的用于生成 @font-face 文件的网站（如 freefontconverter、font2web 等），可以将字体文件上传到网站上，转换后下载，然后就可以嵌入到网页上使用了。

3.8　CSS 3.0 新增的背景设置属性

　　通过 CSS 3.0 新增的属性不仅可以设置半透明的背景颜色，还可以实现渐变背景颜色，并且还新增了有关网页背景图像设置的属性。本节将介绍 CSS 3.0 中新增的有关背景设置的属性。

3.8.1 background-size 属性

以前的网页中，背景图像的大小是无法控制的，在 CSS 3.0 中可以使用 background-size 属性设置背景图像的大小，还可以控制背景图像在水平和垂直两个方向的缩放，也可以控制背景图像拉伸覆盖背景区域的方式。

CSS 3.0 中新增了 background-size 属性，通过该属性可以自由控制背景图像的大小。background-size 属性的语法格式如下：

```
background-size: <length> | <percentage> | auto | cover | contain ;
```

background-size 属性的属性值说明如表 3-14 所示。

表 3-14　background-size 属性的属性值说明

属　性　值	说　　　　明
<length>	由浮点数字和单位标识符组成的长度值，不可以为负值
<percentage>	取值范围为 0% ～ 100%，不可以为负值。该百分比是相对于页面元素来进行计算的，并不是根据背景图像的大小来进行计算的
auto	默认值，将保持背景图像的原始尺寸大小
cover	对背景图像进行缩放，以适合铺满整个容器。但这种方法会对背景图像进行裁切
contain	保持背景图像本身的宽高比，将背景图像进行等比例缩放。但该方法会导致容器留白

技巧

background-size 属性可以使用 <length> 和 <percentage> 来设置背景图像的宽度和高度，第一个值设置宽度，第二个值设置高度，如果只给出一个值，则第二个值为 auto。

3.8.2 【课堂任务】：实现满屏显示的网页背景

素材文件：源文件 \ 第 3 章 \3-8-2.html　　案例文件：最终文件 \ 第 3 章 \3-8-2.html
案例要点：掌握 background-size 属性的使用方法

Step 01 执行"文件＞打开"命令，打开页面"源文件 \ 第 3 章 \3-8-2.html"，可以看到页面的 HTML 代码，如图 3-96 所示。在浏览器中预览该页面，可以看到该页面背景图像的默认显示效果，如图 3-97 所示。

图 3-96　网页 HTML 代码　　　　　　　图 3-97　预览页面效果

Step 02 转换到该网页所链接的外部 CSS 样式表文件中，找到名为 body 的标签 CSS 样式，在该 CSS 样式中添加 background-size 属性设置代码，使用固定值，如图 3-98 所示。保存 CSS 样式表文件，在浏览器中预览页面，可以看到以固定尺寸显示的页面背景图像，如图 3-99 所示。

图 3-98　添加 background-size 属性设置代码　　　　图 3-99　背景图像显示为固定尺寸

> 提示

如果将 background-size 属性设置为固定尺寸，则背景图像将以所设置的固定尺寸显示，但这种方式会造成背景图像不等比例的缩放，会使背景图像失真。如果 background-size 属性只取一个固定值呢？例如，background-size: 980px auto;，此时背景图像的宽度依然是固定值 980px，但背景图像的高度则会根据固定的宽度值进行等比例缩放。

Step 03 转换到外部 CSS 样式表文件中，修改 body 标签中 background-size 属性值的设置，使用百分比值，如图 3-100 所示。保存 CSS 样式表文件，在浏览器中预览页面，可以看到百分比背景图像的效果，如图 3-101 所示。

图 3-100　修改 background-size 属性设置代码　　　　图 3-101　背景图像显示为百分比大小

> 提示

当 background-size 属性值为百分比值时，不是相对于背景图片的尺寸来计算的，而是相对于元素的宽度来计算的。此处设置的是 body 标签的背景图像，body 标签就是整个页面，当设置背景图像宽度和高度均为 100% 时，背景图像会始终占满整个屏幕，但这种情况下背景图像不等比例的缩放，会导致背景图像失真。如果设置其中一个值为 100%，另一个值为 auto，则能够实现背景图像的等比例缩放保持背景图像不失真，但是这种方式又会导致背景图像可能无法完全覆盖整个容器区域。

Step 04 转换到外部 CSS 样式表文件中，修改 body 标签中 background-size 属性值为 contain，如图 3-102 所示。保存 CSS 样式表文件，在浏览器中预览页面，可以看到背景图像的效果，如图 3-103 所示。

Step 05 当设置 background-size 属性值为 contain 时，可以让背景图像保持本身的宽高比例，将背景图像缩放到宽度或高度正好适应所定义的容器区域，但这种情况下，会导致背景图像无法完全覆盖容器区域，出现留白。例如，当缩放浏览器窗口时，可以看到页面背景的留白，如图 3-104 所示。

图 3-102　修改 background-size 属性设置代码

图 3-103　背景图像显示效果

图 3-104　始终保持背景图像等比例缩放使背景出现留白

Step 06 转换到外部 CSS 样式表文件中，修改 body 标签中 background-size 属性值为 cover，如图 3-105 所示。保存 CSS 样式表文件，在浏览器中预览页面，可以看到以百分比值设置的背景图像效果，如图 3-106 所示。

图 3-105　修改 background-size 属性设置代码

图 3-106　背景图像显示效果

提示

在为 <body> 标签设置背景图像，并且设置 background-size 属性的值为 cover 时，需要添加 body,html{height:100%;} 的 CSS 样式设置，否则，在页面中预览时背景效果可能会出错。

Step 07 当设置 background-size 属性为 cover 时，背景图像会自动进行等比例缩放，通过对背景图像进行裁切的方式铺满整个容器背景。所以，无论如何缩放浏览器窗口时，可以看到页面背景始终是满屏显示的，如图 3-107 所示。

图 3-107　背景图像始终保持满屏显示

提示

background-size: cover 属性设置配合 background-position: center; 属性设置常用来制作满屏的背景图像效果。其唯一的缺点是，需要制作一张足够大的背景图像，保证即使在较大分辨率的浏览器中显示时，背景图像依然能够表现得非常清晰。

3.8.3　background-origin 属性

默认情况下，background-position 属性总是以元素左上角原点作为背景图像定位，使用 CSS 3.0 中新增的 background-origin 属性可以改变背景图像的定位原点位置。

通过使用 CSS 3.0 新增的 background-origin 属性可以大大改善背景图像的定位方式，更加灵活地对背景图像进行定位。background-origin 属性的语法格式如下：

```
background-origin: padding-box | border-box | content-box;
```

background-origin 属性的属性值说明如表 3-15 所示。

表 3-15　background-origin 属性的属性值说明

属 性 值	说 明
padding-box	默认值，表示 background-position 属性定位背景图像时，背景图像的起始位置从元素填充的外边缘（border 的内边缘）开始显示背景图像
border-box	表示 background-position 属性定位背景图像时，背景图像的起始位置从元素边框的外边缘开始显示背景图像
content-box	表示 background-position 属性定位背景图像时，背景图像的起始位置从元素内容区域的外边缘（padding 的内边缘）开始显示背景图像

3.8.4　background-clip 属性

在 CSS 3.0 中新增了背景图像裁剪区域属性 background-clip，通过该属性可以定义背景图像的裁剪区域。background-clip 属性的语法格式如下：

```
background-clip: border-box | padding-box | content-box;
```

background-clip 属性的语法规则与 background-origin 属性的语法规则一样，其取值也相似。background-clip 属性的属性值说明如表 3-16 所示。

表 3-16　background-clip 属性的属性值说明

属　性　值	说　　明
padding-box	所设置的背景图像从元素的 padding 区域向外裁剪，即元素 padding 区域之外的背景图像将被裁剪掉
border-box	默认值，所设置的背景图像从元素的 border 区域向外裁剪，即元素边框之外的背景图像都将被裁剪掉
content-box	所设置的背景图像从元素的 content 区域向外裁剪，即元素内容区域之外的背景图像将被裁剪掉

3.8.5　background 属性

在 CSS 3.0 之前，每个容器只能设置一张背景图像，因此，每当需要增加一张背景图像时，必须至少添加一个容器来容纳它。早期使用嵌套 Div 容器显示特定背景的做法不是很复杂，但是它明显难以管理和维护。

在 CSS 3.0 中可以通过 background 属性为一个容器应用一张或多张背景图像，代码和 CSS 2 中一样，只需要用逗号来区分各个背景图。第一个声明的背景图像定位在容器顶部，其他的背景图像依次在其下排列。

CSS 3.0 中的多背景语法和 CSS 中的背景语法其实并没有本质上的区别，只是在 CSS 3.0 中可以给多个背景图像设置相同或不同的背景相关属性，其中最重要的是在 CSS 3.0 多背景中，相邻背景设置之间必须使用逗号隔开。background 多背景的语法格式如下：

```
background: [background-image] | [background-repeat] | [background-
attachment] | [background-position] | [background-size] | [background-
origin] | [background-clip],*;
```

CSS 3.0 多背景的属性参数与 CSS 的基础背景属性参数类似，只是在其基础上增加了 CSS 3.0 为背景添加了新属性。

除了 background-color 属性，其他属性都可以设置多个属性值，不过前提是元素有多个背景图像存在。如果这个条件成立，多个属性之间必须使用逗号隔开。其中 background-image 属性需要设置多个，而其他属性可以设置一个或多个。当一个元素有多个背景图像，其他属性只有一个属性值时，表示所有背景图像都应用了相同的属性值。

提示

在使用 background 属性为元素设置多个背景图像时，background-color 属性值只能设置一个，如果设置了多个 background-color 属性值，则是一种语法错误。

3.8.6　【课堂任务】：为网页设置多背景图像

素材文件：源文件 \ 第 3 章 \3-8-6.html　　案例文件：最终文件 \ 第 3 章 \3-8-6.html
案例要点：掌握使用 background 属性设置多个背景图像的方法

Step01 执行 "文件 > 打开" 命令，打开页面 "源文件 \ 第 5 章 \5-3-6.html"，可以看到页面的 HTML 代码，如图 3-108 所示。在浏览器中预览该页面，可以看到页面的背景效果，如图 3-109 所示。

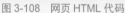

图 3-108　网页 HTML 代码　　　　　　　图 3-109　预览页面效果

Step 02 转换到该网页所链接的外部 CSS 样式表文件中，找到名为 body 的标签 CSS 样式设置，可以看到该 CSS 样式设置代码，如图 3-110 所示。在该 CSS 样式中添加 background 多背景图像的设置代码，如图 3-111 所示。

图 3-110　CSS 样式代码　　　　　　　图 3-111　添加 background 属性设置代码

Step 03 保存外部 CSS 样式表文件，在浏览器中预览页面，可以看到为页面同时设置多个背景图像的效果，如图 3-112 所示。

图 3-112　预览页面效果

> **提示**
>
> 在 background 属性中同时设置了 3 个背景图像，中间使用逗号隔开，每个背景图像设置了不同的平铺方式，写在前面的背景图像会显示在上面，写在后面的背景图像则显示在下面。

3.9　CSS 3.0 新增的边框设置属性

在 CSS 3.0 之前，页面边框效果比较单调，通过 border 属性只能设置边框的粗细、样式和颜色，如果想实现更加丰富的边框效果，只能事先设计好边框图片，然后通过使用背景或直接插入图片的方式来实现。在 CSS 3.0 中新增了 3 个有关边框设置的属性，分别是 border-colors、border-image 和 order-radius，通过这 3 个新增的边框属性能够实现更加丰富的边框效果。

3.9.1　border-colors 属性

border-color 属性早在 CSS 1 中就已经写入 CSS 语法规范，但是为了避免与 border-color 属性的原生功能（也就是在 CSS 1 中定义边框颜色的功能）发生冲突，如果需要为边框设置多种色彩，可直接使用 border-color 属性，在该属性值中设置多个颜色值是不起任何作用的。必须将这个 border-color 属性拆分为 4 个边框颜色子属性，使用多种颜色才会有效果，代码如下：

```
border-top-colors:[<color> | transparent]{1,4} | inherit;
border-right-colors:[<color> | transparent]{1,4} | inherit;
border-bottom-colors:[<color> | transparent]{1,4} | inherit;
border-left-colors:[<color> | transparent]{1,4} | inherit;
```

需要注意的是，这 4 个属性与前面介绍的 border-color 属性的 4 个基础子属性是不同的，这里的属性中 color 是复数 colors，如果在书写过程中少写了字母 s，就会导致无法实现多种边框颜色的效果。

多种边框颜色属性的参数其实很简单，就是颜色值，可以取任意合法的颜色值。如果设置了 border 的宽度为 Npx，那么就可以在这个 border 上使用 N 种颜色，每种颜色显示 1px 的宽度。如果所设置的 border 的宽度为 10 像素，但只声明了 5 或 6 种颜色，那么最后一个颜色将被添加到剩下的宽度。

|提示|

CSS 3.0 中的多种边框颜色效果虽然功能强大，但目前能够支持该效果的浏览器仅有 Firefox 3.0 及其以上版本，而且还需要使用该浏览器的私有属性写法。

3.9.2　border-image 属性

在 CSS 3.0 中新增了图像边框属性 border-image，通过使用该属性能够模拟出 background-image 属性的功能，功能比 background-image 强大。通过 border-image 属性能够为页面的任何元素设置图片边框效果，还可以使用该属性来制作圆角按钮效果等。

CSS 3.0 中新增的 border-image 属性，专门用于图像边框的处理，它的强大之处在于能灵活地分割图像，并应用于边框。border-image 属性的语法格式如下：

```
border-image: none | <image> [ <number> | <percentage>]{1,4}[ /
<border-width>{1,4} ]? [stretch | repeat | round] {0,2}
```

border-image 属性的参数说明如表 3-17 所示。

表 3-17　border-image 属性的参数说明

参　数	说　明
none	none 为默认值，表示无图像
<image>	用于设置边框图像，可以使用绝对地址或相对地址
<number>	number 是一个数值，用来设置边框或者边框背景图片的大小，其单位是像素（px），可以使用 1~4，表示 4 个方位的值，大家可以参考 border-width 属性设置方式
<percentage>	percentage 也是用来设置边框或者边框背景图片的大小，与 number 的不同之处是，percentage 使用的是百分比值
<border-width>	由浮点数字和单位标识符组成的长度值，不可以为负值，用于设置边框宽度
stretch、repeat、round	这 3 个属性参数是用来设置边框背景图片的铺放方式，类似于 background-position 属性，其中 stretch 会拉伸边框背景图片、repeat 是会重复边框背景图片、round 是平铺边框背景图片，其中 stretch 为默认值

3.9.3　border-radius 属性

在 CSS 3.0 之前，如果需要在网页中实现圆角边框的效果，通常都是使用图像来实现的。在 CSS 3.0 中新增了圆角边框属性 border-radius，通过该属性，可以轻松地在网页中实现圆角边框效果。

圆角能够让页面元素看起来不那么生硬，能够增强页面的曲线之美。CSS 3.0 中专门针对元素的圆角效果新增了 border-radius 属性。border-radius 属性的语法格式如下：

```
border-radius: none | <length>{1,4} [ / <length>{1,4} ]?
```

border-radius 属性的属性值说明如表 3-18 所示。

表 3-18　border-radius 属性的属性值说明

属 性 值	说　　明
none	none 为默认值，表示不设置圆角效果
<length>	由浮点数和单位标识符组成的长度值，不可以为负值

提示

如果在 border-radius 属性所设置参数值中反斜杠符号"/"存在，则"/"前面的值用来设置水平方向的圆角半径，"/"后面的值用来设置垂直方向上的半径。如果所设置的参数值没有反斜杠符号"/"，则所设置圆角的水平和垂直方向的半径值相等。

border-radius 属性是一种缩写方式，在该属性中可以按照 top-left、top-right、bottom-right 和 bottom-left 的顺时针顺序同时设置 4 个角的圆角半径值，其主要会有以下 4 种情况出现。

（1）border-radius 属性只设置一个值。如果 border-radius 属性只设置一个属性值，那么说明 top-left、top-right、bottom-right 和 bottom-left 4 个值是相等的，也就是元素的 4 个圆角效果相同。

（2）border-radius 属性设置两个值。如果 border-radius 属性设置两个属性值，那么说明 top-left 与 bottom-right 值相等，并取第一个值；top-right 与 bottom-left 值相等，并取第二个值。也就是元素的左上角与右下角取第一个值，右上角与左下角取第二个值。

（3）border-radius 属性设置 3 个值。如果 border-radius 属性设置 3 个属性值，则第一个值设置 top-left，第二个值设置 top-right 和 bottom-left，第三个值设置 bottom-right。

（4）border-radius 属性设置 4 个值。如果 border-radius 属性设置 4 个属性值，则第一个值设置 top-left，第二个值设置 top-right，第三个值设置 bottom-right，第四个值设置 bottom-left。

技巧

如果需要清除元素所设置的圆角效果，当设置 border-radius 属性值为 none 并没有效果时，需要将元素的 border-radius 属性值设置为 0。

3.9.4　box-shadow 属性

通过 box-shadow 属性，可以为网页中的元素设置一个或多个阴影效果，如果在 box-shadow 属性中同时设置了多个阴影效果，则多个阴影的设置代码之间必须使用英文逗号","隔开。box-shadow 属性的语法规则如下：

```
box-shadow: none | [inset x-offset y-offset blur-radius spread-radius
color], [inset x-offset y-offset blur-radius spread-radius color];
```

box-shadow 属性的参数说明如表 3-19 所示。

表 3-19　box-shadow 属性的参数说明

参　　数	说　　明
none	none 为默认值，表示元素没有任何阴影效果
inset	可选值，如果不设置该参数，则默认的阴影方式为外阴影；如果设置该参数，则可以为元素设置内阴影效果
x-offset	该参数表示阴影的水平偏移值，其值可以为正值，也可以为负值。如果取正值，则阴影在元素的右边；如果取负值，则阴影在元素的左边
y-offset	该参数表示阴影的垂直偏移值，其值可以为正值，也可以为负值。如果取正值，则阴影在元素的底部；如果取负值，则阴影在元素的顶部
blur-radius	该参数为可选参数，表示阴影的模糊半径，其值只能为正值。如果取值为 0 时，表示阴影不具有模糊效果，取值越大，阴影边缘就越模糊
spread-radius	该参数为可选参数，表示阴影的扩展半径，其值可能为正负值。如果取正值，则整个阴影都延展扩大；如果取负值，则整个阴影都缩小
color	可选参数，表示阴影的颜色。如果不设置该参数，浏览器会取默认颜色为阴影颜色，但是各浏览器的默认阴影颜色不同，特别是在 Webkit 核心的浏览器将会显示透明，建议在设置 box-shadow 属性时不要省略该参数

3.9.5　【课堂任务】：为网页元素设置圆角效果

素材文件：源文件 \ 第 3 章 \3-9-5.html　　案例文件：最终文件 \ 第 3 章 \3-9-5.html
案例要点：掌握 border-radius 属性的设置方法

Step01 执行"文件 > 打开"命令，打开页面"源文件 \ 第 3 章 \3-9-5.html"，可以看到页面的 HTML 代码，如图 3-113 所示。在浏览器中预览该页面，可以看到页面中相应的元素显示为直角的边框效果，如图 3-114 所示。

图 3-113　网页 HTML 代码

图 3-114　预览页面效果

Step02 转换该网页所链接的外部 CSS 样式表文件中，找到名称为 #main img 的 CSS 样式，添加 border-radius 属性设置代码，如图 3-115 所示。保存外部 CSS 样式表文件，在浏览器中预览该页面，可以看到页面中 id 名称为 main 的 Div 中包含的图片的 4 个角为相同圆角的效果，如图 3-116 所示。

```
#main img {
    margin: 10px;
    border: 6px solid #FFFFFF;
    border-radius: 20px;
}
```

图 3-115　添加 border-radius 属性设置代码　　　　图 3-116　预览图片显示为圆角效果

　　如果通过 CSS 样式设置了元素的边框效果，此时再为该元素设置圆角效果时，当设置的圆角半径小于或等于该元素的边框宽度时，该角会显示为外圆内直的效果。

　　Step 03 转换到外部 CSS 样式表文件中，在名为 #title 的 CSS 样式中添加 border-radius 属性设置，如图 3-117 所示。保存外部 CSS 样式表文件，在浏览器中预览该页面，可以看到所实现的元素对角显示为相同圆角效果，如图 3-118 所示。

```
#title {
    width: 700px;
    height: 45px;
    line-height: 45px;
    text-align: center;
    margin: 20px auto 20px auto;
    border: 2px solid #33353C;
    background-color: #FFF;
    border-radius: 20px 0px;
}
```

图 3-117　添加 border-radius 属性设置代码　　　　图 3-118　预览元素的圆角效果

　　border-radius 属性包含 4 个子属性，当为该属性赋一组值时，将遵循 CSS 的赋值规则。从 border-radius 属性语法可以看出，其值也可以同时包含 2 个值、3 个值或 4 个值，多个值的情况使用空格进行分隔。

3.10　CSS 3.0 新增的多列布局属性

　　在 CSS 3.0 中新增了多列布局的功能，可以让浏览器确定何时结束一列或开始下一列，无须任何额外的标记。简单来说，就是 CSS 3.0 多列布局功能可以自动将内容按指定的列数进行排列，通过多列布局功能实现的效果和报纸、杂志的排版类似。

3.10.1　columns 属性

cloumns 属性是 CSS 3.0 新增的多列布局功能中的一个基础属性，该属性是一个复合属性，包含列宽度（column-width）和列数（column-count），用于快速定义多列布局的列数目和每列的宽度。columns 属性的语法格式如下：

```
columns: <column-width> || <column-count>;
```

columns 属性的参数说明如表 3-20 所示。

表 3-20　columns 属性的参数说明

参　　数	说　　明
<column-width>	用于设置多列布局中每列的宽度，详细使用方法请参阅 5.5.2 节
<column-count>	用于设置多列布局的列数，详细使用方法请参阅 5.5.3 节

提示

　　在实际布局的过程中，所定义的多列布局的列数是最大列数，当容器的宽度不足以划分所设置的列数时，列数会适当减少，而每列的宽度会自适应调整，从而填满整个容器范围。

3.10.2　column-width 属性

column-width 属性用于设置多列布局的列宽，与 CSS 样式中的 width 属性相似，不同的是，column-width 属性设置多列布局的列宽度时，既可以单独使用，也可以和多列布局的其他属性配合使用。column-width 属性的语法格式如下：

```
column-width: auto | <length>;
```

column-width 属性的参数说明如表 3-21 所示。

表 3-21　column-width 属性的参数说明

参　　数	说　　明
auto	该属性值为默认值，表示元素多列布局的列宽度将由其他属性来决定，如由 column-count 属性来决定
<length>	表示使用固定值来设置元素的多列布局列宽度，其主要是由数值和长度单位组成，其值只能取正值，不能为负值

3.10.3　column-count 属性

column-count 属性用于设置多列布局的列数，而不需要通过列宽度自动调整列数。column-count 属性的语法格式如下：

```
column-count: auto | <integer>;
```

column-count 属性的参数说明如表 3-22 所示。

表 3-22   column-count 属性的参数说明

参　　数	说　　明
auto	该属性值为默认值，表示元素多列布局的列数将由其他属性来决定，如由 column-width 属性来决定。如果并没有设置 column-width 属性，则当设置 column-count 属性为 auto 时，只有一列
\<integer\>	表示多列布局的列数，取值为大于 0 的正整数，不可以取负数

提示

当使用 column-count 属性实现容器的分列布局时，如果容器的宽度是按百分比进行设置的，那么分列中每列的宽度是不固定的，会根据容器的宽度来自动计算每列的宽度，但始终保持 column-count 属性所设置的列数不变。

3.10.4   column-gap 属性

使用 column-width 和 column-count 属性能够很方便地将元素创建为多列布局，而列与列之间的间距是默认的大小。通过使用 column-gap 属性可以设置多列布局中列与列之间的间距，从而可以更好地控制多列布局中的内容和版式。column-gap 属性的语法格式如下：

```
column-gap: normal | <length>;
```

column-gap 属性的参数说明如表 3-23 所示。

表 3-23   column-gap 属性的参数说明

参　　数	说　　明
normal	该属性值为默认值，通过浏览器默认设置进行解析，一般情况下，normal 值相当于 1em
\<length\>	由浮点数字和单位标识符组成的长度值，主要用来设置列与列之间的距离，常使用 px、em 单位的任何整数值，但其不能为负值

提示

多列布局中的 column-gap 属性类似于盒模型中的 margin 和 padding 属性，具有一定的空间位置，当其值过大时会撑破多列布局，浏览器会自动根据相关参数重新计算列数，直到容器无法容纳时，显示为一列为止。但是 column-gap 属性与 margin 和 padding 属性不同的是，其只存在于列与列之间，并与列高度相等。

3.10.5   column-rule 属性

边框是非常重要的 CSS 属性之一，通过边框可以划分不同的区域。CSS 3.0 新增了 column-rule 属性，在多列布局中，通过该属性设置多列布局的边框，用于区分不同的列。column-rule 属性的语法格式如下：

```
column-rule: <column-rule-width> | <column-rule-style> | <column-rule-color>;
```

column-rule 属性的参数说明如表 3-24 所示。

表 3-24 column-rule 属性的参数说明

参 数	说 明
\<column-rule-width\>	类似于 border-width 属性，用来定义列边框的宽度，其默认值为 medium。该属性值可以是任意浮点数，但不可以取负值。与 border-width 属性相同，可以使用关键词 medium、thick 和 thin
\<column-rule-style\>	类似于 border-style 属性，用来定义列边框的效果，其默认值为 none。该属性值与 border-style 属性值相同，包括 none、hidden、dotted、dashed、solid、double、groove、ridge、inset 和 outset
\<column-rule-color\>	类似于 border-color 属性，用来定义列边框的颜色，可以接受所有的颜色值，如果不希望显示颜色，也可以将其设置为 transparent（透明色）

> **提示**
>
> column-rule 属性类似于盒模型中的 border 属性，主要用来设置列分隔线的宽度、样式和颜色，并且 column-rule 属性所表现出的列分隔线不具有任何空间位置，同样具有与列一样的高度。但列分隔线 column-rule 属性与 border 属性的不同之处是，border 会撑破容器，而 column-rule 不会撑破容器，只不过其列分隔线的宽度大于列间距时，列分隔线会自动消失。

3.10.6　column-span 属性

报纸或杂志的文章标题经常会跨列显示，如果需要在分列布局中实现相同效果的跨列显示，则需要使用 column-span 属性。

column-span 属性主要用于设置一个分列元素中的子元素能够跨所有列。column-width 和 column-count 属性能够实现将一个元素分为多列，不管里面元素如何排放顺序，它们都是从左至右放置内容，但有时需要其中一段内容或一个标题不进行分列，也就是横跨所有列，这时使用 column-span 属性就能够轻松实现。column-span 属性的语法格式如下：

```
column-span: none | all;
```

column-span 属性的属性值说明如表 3-25 所示。

表 3-25　column-span 属性的属性值说明

属 性 值	说 明
none	该属性值为默认值，表示不横跨任何列
all	该属性值与 none 属性值刚好相反，表示元素横跨多列布局元素中的所有列，并定位在列的 Z 轴之上

3.10.7　【课堂任务】：设置网页内容分栏显示

素材文件：源文件 \ 第 3 章 \3-10-7.html　　案例文件：最终文件 \ 第 3 章 \3-10-7.html
案例要点：掌握多列布局相关属性的设置和使用方法

Step01 执行"文件＞打开"命令，打开页面"源文件 \ 第 3 章 \3-10-7.html"，切换到设计视图中，可以看到页面的效果，如图 3-119 所示。转换到该网页所链接的外部 CSS 样式表文件中，找到名为 #text 的 CSS 样式，如图 3-120 所示。

图 3-119 设计视图效果

图 3-120 CSS 样式代码

Step02 在该 CSS 样式中添加列宽度 column-width 属性设置代码，如图 3-121 所示。保存 CSS 样式表文件，在浏览器中预览页面，可以看到网页元素被分为多栏，并且每栏的宽度为 180 像素，效果如图 3-122 所示。

图 3-121 添加 column-width 属性设置代码

图 3-122 预览页面效果

提示

　　使用 column-width 属性以固定数值的方式可以实现多列布局的效果，不过这种方式比较特殊，如果容器的宽度为百分比值，那么当容器宽度超出分栏宽度时，会以分栏的方式显示；但是当容器宽度小于所设置的分栏宽度时，容器将减少分栏数量，直到最终只显示一列。

Step03 返回外部 CSS 样式表文件中，在名为 #text 的 CSS 样式中将刚添加的 column-width 属性设置删除，添加定义栏目列数 column-count 属性设置代码，如图 3-123 所示。保存 CSS 样式表文件，在浏览器中预览页面，可以看到该元素内容被分为 3 栏，如图 3-124 所示。

图 3-123 添加 column-count 属性设置代码

图 3-124 预览页面效果

技巧

　　单独使用 column-width 属性或者 column-count 属性都能实现容器的分列布局效果，但这两种属性实现的分列布局效果又存在不同。在容器的宽度不固定的情况下，使用 column-width 属性实现分列布局，列数不是固定的，会根据容器的宽度增多或减少；使用 column-count 属性实现分列布局，列数是固定的，但每列的宽度并不固定，如果容器变宽，则每列宽度都随之增加，如果容器变窄则，每列宽度都随之减少。

　　Step04 返回外部 CSS 样式表文件中，在名为 #text 的 CSS 样式中添加列间距 column-gap 属性设置代码，如图 3-125 所示。保存 CSS 样式表文件，在浏览器中预览页面，可以看到所设置的列间距效果，如图 3-126 所示。

图 3-125　添加 column-gap 属性设置代码

图 3-126　预览页面效果

　　Step05 返回外部 CSS 样式表文件中，在名为 #text 的 CSS 样式中添加列分隔线 column-rule 属性设置代码，如图 3-127 所示。保存 CSS 样式表文件，在浏览器中预览页面，可以看到所设置的分栏线效果，如图 3-128 所示。

图 3-127　添加 column-rule 属性设置代码

图 3-128　预览页面效果

提示

　　因为列分隔线不占用任何空间位置，所以，列分隔线宽度的增大并不会影响分列布局的效果。但是如果列分隔线的宽度增加到超过列与列之间的间距，那么列分隔线就会自动消失，不可见。

　　Step06 返回外部 CSS 样式表文件中，找到名为 #text h1 的 CSS 样式，在该 CSS 样式中添加横跨所有列 column-span 属性设置代码，如图 3-129 所示。保存 CSS 样式表文件，在浏览器中预览页面，可以看到文章标题横跨所有列的效果，如图 3-130 所示。

```
#text h1 {
    background-color: #68A0D3;
    font-size: 20px;
    line-height: 40px;
    color: #FFF;
    text-align: center;
    column-span: all;
}
```

图 3-129　添加 column-span 属性设置代码　　　　　　图 3-130　预览页面效果

3.11 CSS 3.0 新增的盒模型设置属性

　　除了以上针对页面中不同元素的新增属性上，在 CSS 3.0 中还新增了一些可应用于多种元素的属性，包括元素的不透明度、内容溢出处理方式、元素尺寸自由调整、轮廓外边框等，为网页设计制作带来更多的便利及人性化设计。

3.11.1　opacity 属性

　　以前，网页中元素想要实现半透明的效果大多数都是通过背景图片来实现的，CSS 3.0 中新增了 opacity 属性，可以通过该属性直接设置网页元素的透明度。

　　使用 opacity 属性可以通过具体的数值设置元素透明的程度，能够使网页任何元素呈现出半透明的效果。opacity 属性的语法格式如下：

```
opacity: <length> | inherit;
```

　　opacity 属性的参数说明如表 3-26 所示。

表 3-26　opacity 属性的参数说明

参　　数	说　　　　　明
<length>	默认值为 1，可以取 0~1 的任意浮点数，不可以为负数。当取值为 1 时，元素完全不透明；反之，取值为 0 时，元素完全透明，不可见
inherit	表示继承元素的 opacity 属性值，即继承父元素的不透明度

3.11.2　【课堂任务】：设置网页元素的不透明度

　　素材文件：源文件 \ 第 3 章 \3-11-2.html　　　案例文件：最终文件 \ 第 3 章 \3-11-2.html
　　案例要点：掌握 opacity 属性的设置和使用方法

　　Step 01 执行"文件 > 打开"命令，打开页面"源文件 \ 第 5 章 \5-6-2.html"，可以看到页面的 HTML 代码，如图 3-131 所示。在浏览器中预览该页面，可以看到当前页面中的图片都显示为默认的完全不透明效果，如图 3-132 所示。

　　Step 02 转换到该网页所链接的外部 CSS 样式表文件中，创建名为 .pic01 的类 CSS 样式，在该类 CSS 样式中设置 opacity 属性，如图 3-133 所示。返回到网页 HTML 代码中，为相应的图片应用名称为 pic01 的类 CSS 样式，如图 3-134 所示。

图 3-131　网页 HTML 代码

图 3-132　预览页面效果

图 3-133　CSS 样式代码

图 3-134　为图片应用类 CSS 样式

Step 03 保存外部 CSS 样式表文件和 HTML 文件，在浏览器中预览该页面，可以看到图片半透明的显示效果，如图 3-135 所示。转换到外部 CSS 样式表文件中，分别创建名为 .pic02 和 .pic03 的类 CSS 样式，并分别设置不同的不透明度值，如图 3-136 所示。

图 3-135　预览图片显示为半透明的效果

图 3-136　CSS 样式代码

Step 04 返回到网页 HTML 代码中，为相应的图片分别应用名称为 pic02 和 pic03 的类 CSS 样式，如图 3-137 所示。保存外部 CSS 样式表文件和 HTML 文件，在浏览器中预览该页面，可以看到将图片设置为不同透明度的效果，如图 3-138 所示。

图 3-137　为图片应用类 CSS 样式

图 3-138　预览页面效果

> **提示**
>
> 使用 opacity 属性可以设置任意网页元素的不透明度，不仅仅是图片。但需要注意的是，为元素设置 opacity 属性后，该元素的所有后代元素都会继承该 opacity 属性设置。

3.11.3 overflow-x 和 overflow-y 属性

在 CSS 样式中可以把每个元素都看作一个盒子，这个盒子就是一个容器。在 CSS 2.0 规范中，就已经有处理内容溢出的 overflow 属性，该属性定义当盒子的内容超出盒子边界时的处理方法。

CSS 3.0 中新增了 overflow-x 和 overflow-y 属性。overflow-x 属性主要用来设置在水平方向对溢出内容的处理方式；overflow-y 属性主要用来设置在垂直方向对溢出内容的处理方式。overflow-x 和 overflow-y 属性的语法格式如下：

```
overflow-x: visible | auto | hidden | scroll | no-display | no-content;
overflow-y: visible | auto | hidden | scroll | no-display | no-content;
```

与 overflow 属性一样，overflow-x 和 overflow-y 属性取不同的属性值所起到的作用也不一样。overflow-x 和 overflow-y 属性的属性值说明如表 3-27 所示。

表 3-27 overflow-x 和 overflow-y 属性的属性值说明

属　　性	说　　明
visible	默认值，盒子内容溢出时，不裁剪溢出的内容，超出盒子边界的部分将显示在盒元素之外
auto	盒子溢出时，显示滚动条
hidden	盒子溢出时，溢出的内容将被裁剪，并且不显示滚动条
scroll	无论盒子中的内容是否溢出，overflow-x 都会显示横向滚动条，而 overflow-y 都会显示纵向滚动条
no-display	当盒子溢出时，不显示元素，该属性值是新增的
no-content	当盒子溢出时，不显示内容，该属性值是新增的

3.11.4 resize 属性

CSS 3.0 中新增了区域缩放调节的属性，通过新增的 resize 属性，就可以实现页面中元素的区域缩放操作，调节元素的尺寸大小。resize 属性的语法规则如下：

```
resize: none | both | horizontal | vertical | inherit;
```

resize 属性的属性值说明如表 3-28 所示。

表 3-28 resize 属性的属性值说明

属　　性	说　　明
none	不提供元素尺寸调整机制，用户不能操纵调节元素的尺寸
both	提供元素尺寸的双向调整机制，让用户可以调节元素的宽度和高度
horizontal	提供元素尺寸的单向水平方向调整机制，让用户可以调节元素的宽度
vertical	提供元素尺寸的单向垂直方向调整机制，让用户可以调节元素的高度
inherit	继承父元素的 resize 属性设置

resize 属性需要和溢出处理属性 overflow、overflow-x 或 overflow-y 一起使用，才能把元素定义成可以调整尺寸大小的效果，且溢出属性值不能为 visible。

3.11.5　outline 属性

outline 属性早在 CSS 2 中就出现了，主要是用来在元素周围绘制一条轮廓线，可以起到突出元素的作用，但是并没有得到各主流浏览器的广泛支持。在 CSS 3.0 中对 outline 属性进行了一定的扩展，在以前的基础上增加了新的特性。outline 属性的语法规则如下：

```
outline: [outline-color] || [outline-style] || [outline-width] || inherit;
```

从语法中可以看出，outline 属性与 border 属性的使用方法极其相似。outline 属性的参数说明如表 3-29 所示。

表 3-29　outline 属性的参数说明

参　　数	说　　明
[outline-color]	该参数表示外轮廓线的颜色，取值为 CSS 中定义的颜色值。在实际应用中，如果省略该参数，则默认显示为黑色
[outline-style]	该参数表示外轮廓线的样式，取值为 CSS 中定义线的样式。在实际应用，如果省略该参数，则默认值为 none，不对该轮廓线进行任何绘制
[outline-width]	该参数表示外轮廓线的宽度，取值可以为一个宽度值。在实际应用中，如果省略该参数，则默认值为 medium，表示绘制中等宽度的轮廓线
inherit	继承父元素的 outline 属性设置

outline 属性是一个复合属性，包含 4 个子属性：outline-width 属性、outline-style 属性、outline-color 属性和 outline-offset 属性。

1. outline-width 属性

outline-width 属性用于定义元素外轮廓的宽度，语法格式如下：

```
outline-width: thin | medium | thick | <length> | inherit;
```

outline-width 属性的属性值与 border-width 属性的属性值相同。

2. outline-style 属性

outline-style 属性用于定义元素外轮廓外边框的轮廓样式，语法格式如下：

```
outline-style: none | dotted | dashed | solid | double | groove |
ridge | inset | outset | inherit;
```

outline-style 属性的属性值与 border-style 属性的属性值相同。

3. outline-color 属性

outline-color 属性用于定义元素外轮廓边框的颜色，语法格式如下：

```
outline-color: <color> | invert | inherit;
```

outline-color 属性的属性值与 border-color 属性的属性值相同。

4. outline-offset 属性

outline-offset 属性用于定义元素外轮廓边框偏移值，语法格式如下：

```
outline-offset: <length> | inherit;
```

当该属性取值为正数时，表示轮廓线向外偏离多少像素；当该属性取值为负数时，表示轮廓线向内偏移多少像素。

提示

在复合的 outline 属性语法中没有包含 outline-offset 子属性，因为这样会造成外轮廓边框宽度值指定不明确，无法正确解析。

3.11.6 content 属性

如果需要为网页中的元素插入内容，很少有人会想到使用 CSS 样式来实现。在 CSS 样式中，可以使用 content 属性为元素添加内容，通过该属性可以替代 JavaScript 的部分功能。content 属性与 :before 及 :after 伪元素配合使用，可以将生成的内容放在一个元素内容的前面或后面。content 属性的语法格式如下：

```
content: none | normal | <string> | counter(<counter>) |
attr(<attribute>) | url(<url>) | inherit;
```

content 属性的参数说明如表 3-30 所示。

表 3-30   content 属性的参数说明

参 数	说 明
none	该属性值表示赋予的内容为空
normal	默认值，表示不赋予内容
<string>	用于赋予指定的文本内容
counter(<counter>)	用于指定一个计数器作为添加内容
attr(<attribute>)	把选择的元素的属性值作为添加内容，<attribute> 为元素的属性
url(<url>)	指定一个外部资源（图像、声音、视频或浏览器支持的其他任何资源）作为添加内容，<url> 为一个网络地址
inherit	继承父元素的 content 属性设置

3.12 本章小结

CSS 样式堪称网页的"美容大师"，它与 HTML 的结合，为网页设计注入了无限的创新与活力。通过本章内容的学习，读者将能够熟练驾驭不同 CSS 选择器的运用，精准地创建并应用各种样式，使网页呈现出独特且引人注目的视觉效果。此外，对于 CSS 3.0 新增的样式属性，读者也需要有所了解，这些新特性不仅丰富了 CSS 的表达能力，更为网页设计提供了更多可能。通过学习 CSS 样式，读者将能够熟练地运用这些技术，对网页元素进行细致入微的美化处理，让网页焕发出独特的魅力，成为吸引用户眼球的焦点。

3.13 课后练习

完成对本章内容的学习后，接下来通过课后练习，检测读者对本章内容的学习效果，同时加深读者对所学的知识的理解。

一、选择题

1. 如果需要对网页的整体效果进行设置，可以创建哪种标签选择器 CSS 样式？（　　　）

　　A. head　　　　　　　　B. div　　　　　　　　C. body　　　　　　　　D. p

2. 以下哪种不属于网页应用 CSS 样式的方式？（　　　）

　　A. 内部 CSS 样式　　　　　　　　　　　B. 链接外部 CSS 样式表文件

　　C. 导入外部 CSS 样式　　　　　　　　　D. CSS 选择器

3. 以下哪个 CSS 属性可以用来设置字体？（　　　）

　　A. font-family　　　B. font-size　　　　C. font-style　　　　D. font-weight

4. 用于设置文字阴影的 CSS 样式属性是（　　　）。

　　A. box-shadow　　　B. text-decoration　　C. text-shadow　　　D. text-transform

5. 以下哪个属性可以设置元素背景图像的尺寸？（　　　）

　　A. background　　　　　　　　　　　B. background-size

　　C. background-clip　　　　　　　　　D. background-origin

二、填空题

1. CSS 由两部分组成：_____和_____，其中_____由属性和属性值组成。

2. _____CSS 样式必须为网页中的元素应用才会生效，_____CSS 样式可以在一个 HTML 页面中被多次调用。

3. _____是指选择器组合中的前一个对象包含后一个对象，对象之间使用空格作为分隔符。

4. 使用_____属性可以通过具体的数值设置元素透明的程度，能够使网页任何元素呈现出半透明的效果。

5. 通过_____属性，可以为网页中的元素设置一个或多个阴影效果，如果在_____属性中同时设置了多个阴影效果，则多个阴影的设置代码之间必须使用_____隔开。

三、简答题

简单描述 CSS 样式规则。

第 4 章
Div+CSS 网页布局

在当今的数字化时代，网站设计的精髓在于如何通过巧妙地运用各种 Web 标准技术，实现表现层与内容的完美分离。这种结构上的清晰划分，不仅是 Web 标准的核心要义，更是衡量一个网页是否符合现代化设计标准的关键指标。为了实现这一目标，熟练掌握基于 CSS 的网页布局方式显得尤为关键。本章旨在引领读者深入了解并运用 Div+CSS 的网页布局策略，掌握其中的方法与技巧。使读者能够熟练运用这些工具，打造出既符合 Web 标准又兼具艺术美感的网页布局。

学习目标

1. 知识目标
- 了解 Div。
- 理解块元素与行内元素的区别。
- 了解空白边叠加。
- 理解网页元素的定位方式。
- 理解网页常用布局方式的设置方法。

2. 能力目标
- 能够掌握 CSS 盒模型中各属性的功能与应用。
- 能够掌握网页元素相对定位的设置方法。
- 能够掌握网页元素绝对定位的设置方法。
- 能够掌握浮动定位的设置方法。

3. 素质目标
- 具备创业创新能力，提升创新意识和创业精神。
- 培养发现和抓住机会的能力，能够发现和抓住创业机会。

4.1 创建 Div

Div 作为 HTML 中的一个核心标签，其地位与其他网页元素同等重要。类似于表格布局中常用的 <table></table> 结构，Div 标签以 <div></div> 的形式出现，为网页的排版布局提供了极大的灵活性和可能性。通过巧妙地运用 CSS 样式，能够轻松地调整 Div 的位置、大小、颜色等属性，进而实现千变万化的网页布局。如今，采用 Div 进行网页排版布局已成为网页设计与制作的主流趋势，它不仅能满足现代网页设计的多样化需求，还能提升网页的加载速度和用户体验。

4.1.1　Div 概述

Div 元素是 HTML 文档中不可或缺的一部分，主要用于为页面上的大块内容提供清晰的结构和背景。从起始标签 <div> 到结束标签 </div> 之间的内容，构成了一个完整的区块，这个区块的特性可以通过 <div> 标签的属性或者 CSS 样式来灵活控制。

Div 实质上是一个容器，而在 HTML 页面中，几乎所有的标签对象都可以被视为容器，如常用的段落标签 <p>。同样，Div 也是一个功能强大的容器，可以容纳各种内容。

例如，在 <div> 标签中写入"文档内容"时，这个内容就被包含在了 Div 容器内。

```
<div>文档内容</div>
```

在 HTML 中，Div 是专为布局设计而指定的容器对象。在过去，网页的排版布局主要依赖于表格标签 <table>，但这种布局方式需要通过调整表格的间距或者使用透明的图片来填充板块间的间距，导致代码难以阅读和维护。此外，表格布局的网页在加载时通常需要等待整个表格下载完毕才能显示所有内容，因此浏览速度较慢。

现在，随着 CSS 布局技术的兴起，Div 成为这种布局方式的核心元素。使用 CSS 布局的页面不再依赖于表格，仅通过 Div 与 CSS 的配合使用，就能轻松实现各种复杂的页面排版。因此，这种布局方式也被称为 Div+CSS 布局，它极大地提高了网页的加载速度和可维护性。

4.1.2　插入 Div

与其他 HTML 标签一样，只需在代码中应用 <div></div> 这样的标签形式，将内容放置其中，便可以应用 Div 标签。

> **提示**
>
> <div> 标签只是一个标识，作用是把内容标识一个区域，并不负责其他事情，Div 只是 CSS 布局工作的第一步，需要通过 Div 将页面中的内容元素标识出来，而为内容添加样式则由 CSS 来完成。

Div 对象除了可以直接放入文本和其他标签，也可以用多个 Div 标签进行嵌套使用，最终的目的是合理标识出页面的区域。

Div 对象在使用时，可以加入其他属性，如 id、class、align 和 style 等，而在 CSS 布局方面，为了实现内容与表现分离，不应当将 align（对齐）属性与 style（行间样式表）属性编写在 HTML 页面的 <div> 标签中，因此，Div 代码只可能拥有以下两种形式：

```
<div id=id" 名称 "> 内容 </div>
<div class="类名称">内容</div>
```

使用 id 属性，可以将当前这个 Div 指定一个 id 名称，在 CSS 中使用 ID 选择器进行 CSS 样式编写。同样，可以使用 class 属性，在 CSS 中使用类选择器进行 CSS 样式编写。

> **提示**
>
> 不管是应用到 Div 还是其他对象的 id 中，而 class 名称则可以重复使用。

4.1.3　在设计视图中插入 Div

除了可以通过在 HTML 代码中输入 <div> 标签来创建 Div，还可以通过 Dreamweaver 的"设计"视图在网页中插入 Div，单击"插入"面板上的 Div 按钮，如图 4-1 所示，弹出"插入 Div"对话框,如图 4-2 所示。

图 4-1　单击 Div 按钮　　　　　　　　　图 4-2　"插入 Div"对话框

在"插入"下拉列表框中可以选择要在网页中插入 Div 的位置,包含"在插入点""在标签前""在标签开始之后""在标签结束之前""在标签后"5 个选项,如图 4-3 所示。选择除"在插入点"选项之外的任意一个选项后,可以激活第二个下拉列表框,可以在该下拉列表框中选择相对于某个页面已存在的标签进行操作,如图 4-4 所示。

图 4-3　"插入"选项列表　　　　　　　　图 4-4　激活第二个下拉列表框

如果选择"在插入点"选项,则在当前光标所在位置插入 Div。

如果选择"在标签前"选项,则在第二个下拉列表中选择标签,可以在所选择的标签之前插入相应的 Div。

如果选择"在标签开始之后"选项,则在第二个下拉列表框中选择标签,可以在所选择的标签的开始标签之后,该标签中的内容之前插入相应的 Div。

如果选择"在标签结束之前"选项,则在第二个下拉列表框中选择标签,可以在所选择的标签的结束标签之前,该标签中的内容之后插入相应的 Div。

如果选择"在标签后"选项,则在第二个下拉列表框中选择标签,可以在所选择的标签之后插入相应的 Div。

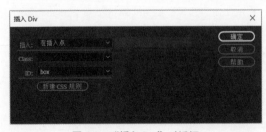

图 4-5　"插入 Div"对话框

在 Class 下拉列表框中可以选择为所插入的 Div 应用的类 CSS 样式。在 ID 下拉列表框中可以选择为所插入的 Div 应用的 ID CSS 样式。

例如,在"插入"下拉列表框中选择相应的选项,在 ID 下拉列表框中输入需要插入的 Div 的 ID 名称,如图 4-5 所示。单击"确定"按钮,即可插入一个

Div，如图 4-6 所示。

　　转换到网页 HTML 代码中，可以看到刚插入的 ID 名称为 box 的 Div 的代码，如图 4-7 所示。

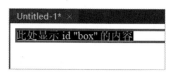

图 4-6　在网页中插入 Div

图 4-7　Div 的 HTML 代码

4.1.4　块元素与行内元素

　　HTML 中的元素分为块元素和行内元素，通过 CSS 样式可以改变 HTML 元素原本具有的显示属性，也就是说，通过 CSS 样式的设置可以将块元素与行内元素相互转换。

　　1. 块元素

　　每个块级元素默认占一行高度，一行内添加一个块级元素后将无法添加其他元素（使用 CSS 样式进行定位和浮动设置除外）。两个块级元素连续编辑时，会在页面自动换行显示。块级元素一般可嵌套块级元素或行内元素。在 HTML 代码中，常见的块元素包括 <div>、<p>、<table> 等。

　　在 CSS 样式中，可以通过 display 属性控制元素显示，即元素的显示方式。display 属性的语法格式如下：

```
display: block | none | inline | compact | marker | inline-table |
list-item | run-in | table | table-caption | table-cell | table-column |
table-column-group | table-footer-group | table-header-group | table-row |
table-row-group;
```

　　display 属性的属性值说明如表 4-1 所示。

表 4-1　display 属性的属性值说明

属　性　值	说　　　明
block	设置网页元素以块元素方式显示
none	设置网页元素隐藏
inline	设置网页元素以行内元素方式显示
compact	分配对象为块对象或基于内容之上的行内对象
marker	指定内容在容器对象之前或之后。如果要使用该参数，对象必须和 :after 及 :before 伪元素一起使用
inline-table	将表格显示为无前后换行的行内对象或行内容器
list-item	将块对象指定为列表项目，并可以添加可选项目标志
run-in	分配对象为块对象或基于内容之上的行内对象
table	将对象作为块元素级的表格显示
table-caption	将对象作为表格标题显示
table-cell	将对象作为表格单元格显示
table-column	将对象作为表格列显示

（续表）

属 性 值	说 明
table-column-group	将对象作为表格列组显示
table-footer-group	将对象作为表格脚注组显示
table-header-group	将对象作为表格标题组显示
table-row	将对象作为表格行显示
table-row-group	将对象作为表格行组显示

display 属性的默认值为 block，即元素的默认方式是以块元素方式显示的。

2. 行内元素

行内元素又称内联元素、内嵌元素等。行内元素一般都是基于语义级的基本元素，只能容纳文本或其他内联元素，常见的内联元素有 <a> 标签。

当 display 属性值被设置为 inline 时，可以把元素设置为行内元素。在常用的一些元素中，<span>、<a>、<img>、<b>、<font> 和 <input> 等都被默认是行内元素。

4.2 CSS 基础盒模型

基础盒模型是使用 Div+CSS 对网页元素进行控制时一个非常重要的概念，只有很好地理解和掌握了盒模型，以及其中每个元素的用法，才能真正控制页面中各元素的位置。

4.2.1 CSS 基础盒模型概述

在 CSS 的世界里，页面上的每个元素都被巧妙地封装在一个被称为"盒模型"的矩形框架内。这个盒模型不仅是一个简单的几何形状，更是元素在页面布局中空间占用的精确描述。盒模型涵盖元素本身的内容、内边距（padding）、边框（border）和外边距（margin），这些属性共同决定了元素在页面上的实际空间大小。由于盒模型全面考虑了元素的各种属性，所以，它能够显著影响页面上其他元素的位置和尺寸。通常情况下，一个元素所占据的总空间会超出其实际内容的大小，这是因为内边距、边框和外边距这些额外属性的存在。

基础盒模型由 4 个核心部分组成：margin（边界）、border（边框）、padding（填充）和 content（内容）。每个部分都可以独立设置样式，以实现个性化的布局效果。此外，盒模型还具备高度和宽度两个辅助属性，它们能够进一步细化元素的大小，帮助开发者精确控制页面布局，如图 4-8 所示。

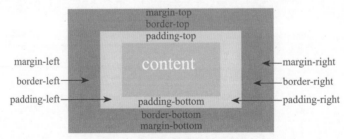

图 4-8　CSS 基础盒模型示意图

由图 4-8 可以看出，盒模型包含 4 个部分，如表 4-2 所示。

表 4-2　盒模型所包含内容说明

包含内容	说　明
margin 属性	margin 属性称为边界或称为外边距，用来设置内容与内容之间的距离
border 属性	border 属性称为边框，内容边框线，可以设置边框的粗细、颜色和样式等
padding 属性	padding 属性称为填充或称为内边距，用来设置内容与边框之间的距离
content	称为内容，是盒模型中必需的一部分，可以放置文字、图像等内容

技巧

一个盒子的实际高度或宽度是由 content+padding+border+margin 决定的。在 CSS 中，可以通过设置 width 或 height 属性来控制 content 部分的大小，并且对于任何一个盒子，都可以分别设置 4 个边的 border、margin 和 padding。

关于 CSS 盒模型，有以下几个特性是在使用过程中需要注意的。

（1）边框默认的样式（border-style）可设置为不显示（none）。

（2）填充值（padding）不可为负。

（3）边界值（margin）可以为负，其显示效果在各浏览器中可能不同。

（4）内联元素，如 <a>，定义上下边界不会影响行高。

（5）对于块级元素，未浮动的垂直相邻元素的上边界和下边界会被压缩。例如，有上下两个元素，上面元素的下边界为 10px，下面元素的上边界为 5px，则实际两个元素的间距为 10px（两个边界值中较大的值），这就是盒模型的垂直空白边叠加的问题。

（6）浮动元素（无论是左浮动还是右浮动）边界不压缩。如果浮动元素不声明宽度，则其宽度趋向于 0，即压缩到其内容能承受的最小宽度。

（7）如果盒中没有内容，则即使定义了宽度和高度都为 100%，实际上只占 0%，因此不会被显示，此处在使用 Div+CSS 布局时需要特别注意。

4.2.2　margin 属性——边距

margin 属性用于设置页面中元素和元素之间的距离，即定义元素周围的空间范围，是页面排版中一个比较重要的概念。margin 属性的语法格式如下：

```
margin: auto | length;
```

其中，auto 表示根据内容自动调整，length 表示由浮点数字和单位标识符组成的长度值或百分数，百分数基于父对象的高度。对于内联元素来说，左右外延距离可以是负数。

margin 属性包含 4 个子属性，用于控制元素 4 周的边距，分别是 margin-top（上边距）、margin-right（右边距）、margin-bottom（下边距）和 margin-left（左边距）。

技巧

在设置 margin 属性时，如果提供 4 个参数值，则按顺时针的顺序作用于上、右、下、左 4 条边；如果只提供 1 个属性值，则将作用于 4 条边；如果提供两个属性值，则第一个属性值作用于上、下两边，第二个属性值作用于左、右两边；如果提供 3 个属性值，则第一个属性值作用于上边，第二个属性值作用于左、右两边，第三个属性值作用于下边。

4.2.3　border 属性——边框

border 属性是内边距和外边距的分界线，可以分离不同的 HTML 元素，border 的外边是元素的最外围。在网页设计中，如果计算元素的宽和高，则需要把 border 属性值计算在内。border 属性的语法格式如下：

```
border : border-style | border-color | border-width;
```

border 属性有 3 个子属性，分别是 border-style（边框样式）、border-width（边框宽度）和 border-color（边框颜色）。

4.2.4　padding 属性——填充

在 CSS 中，可以通过设置 padding 属性定义内容与边框之间的距离，即内边距。padding 属性的语法格式如下：

```
padding: length;
```

padding 属性值可以是一个具体的长度，也可以是一个相对于上级元素的百分比，但不可以使用负值。

padding 属性包括 4 个子属性，分别用于控制元素 4 周的填充，分别是 padding-top（上填充）、padding-right（右填充）、padding-bottom（下填充）和 padding-left（左填充）。

> **技巧**
>
> 在设置 padding 属性时，如果提供 4 个属性值，则按顺时针的顺序作用于上、右、下、左 4 条边；如果只提供 1 个属性值，则作用于 4 条边；如果提供两个属性值，则第一个属性值作用于上、下两边，第二个属性值作用于左、右两边；如果提供 3 个属性值，则第一个属性值作用于上边，第二个属性值作用于左、右两边，第三个属性值作用于下边。

4.2.5　【课堂任务】：设置网页元素盒模型效果

素材文件：源文件 \ 第 4 章 \4-2-5.html　　案例文件：最终文件 \ 第 4 章 \4-2-5.html
案例要点：理解并掌握盒模型中 margin、border、padding 属性的使用方法

Step01 执行"文件 > 打开"命令，打开页面"源文件 \ 第 4 章 \4-2-5.html"，可以看到该页面的 HTML 代码，如图 4-9 所示。切换到"设计"视图，可以看到页面中 id 名称为 box 的 Div 目前并没有设置 CSS 样式，显示为默认的居左居顶效果，如图 4-10 所示。

图 4-9　网页 HTML 代码　　　　　　　　　图 4-10　元素默认显示效果

Step02 转换到该网页所链接的外部 CSS 样式表文件中，创建名称为 #box 的 CSS 样式，在该 CSS 样式中添加 margin 外边距属性设置，如图 4-11 所示。切换到"设计"视图，选中页面中 id 名称为 box 的 Div，可以看到设置的外边距的效果，如图 4-12 所示。

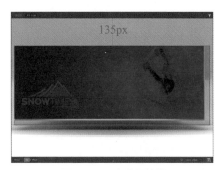

```
#box {
    width: 990px;
    height: 390px;
    background-color: rgba(0,0,0,0.3);
    margin: 135px auto 0px auto;
}
```

图 4-11　CSS 样式代码　　　　　　　　　　　　图 4-12　元素边距效果

技巧

在网页中如果希望元素水平居中显示，可以通过 margin 属性设置左边距和右边距均为 auto，则该元素在网页中会自动水平居中显示。

Step 03 返回到外部 CSS 样式表文件中，在名为 #box 的 CSS 样式中添加 border 属性设置，如图 4-13 所示。返回网页设计视图中，可以看到为页面中 id 名称为 box 的 Div 设置边框的效果，如图 4-14 所示。

```
#box {
    width: 990px;
    height: 390px;
    background-color: rgba(0,0,0,0.3);
    margin: 135px auto 0px auto;
    border: 10px solid #FFF;
}
```

图 4-13　添加 border 属性设置代码　　　　　　　图 4-14　元素边框效果

Step 04 返回到外部 CSS 样式表文件中，在名为 #box 的 CSS 样式中添加 padding 属性设置，如图 4-15 所示。返回网页"设计"视图，选中页面中 id 名称为 box 的 Div，可以看到设置的填充效果，如图 4-16 所示。

```
#box {
    width: 960px;
    height: 360px;
    background-color: rgba(0,0,0,0.3);
    margin: 135px auto 0px auto;
    border: 10px solid #FFF;
    padding: 15px;
}
```

图 4-15　添加 padding 属性设置代码　　　　　　图 4-16　元素填充效果

> **提示**
>
> 在 CSS 样式代码中，width 和 height 属性分别定义的是 Div 的内容区域宽度和高度，并不包括 margin、border 和 padding，此处在 CSS 样式中添加了 padding-left:15px;padding-top:15px;，则需要在宽度值和高度值上分别减去 15px，才能保证 Div 整体宽度和高度不变。

图 4-17　预览页面效果

保存页面，并保存外部 CSS 样式表文件，在浏览器中预览页面，可以看到页面的效果，如图 4-17 所示。

> **提示**
>
> 从 CSS 基础盒模型中可以看出中间部分就是 content（内容），它主要用来显示内容，这部分也是整个盒模型的主要部分，其他的如 margin、border、padding 都是对 content 部分所做的修饰。对于内容部分的操作，也就是对文、图像等页面元素的操作。

4.2.6　空白边叠加

空白边叠加是指当一个元素出现在另一个元素上面时，第一个元素的底空白边与第二个元素的顶空白边发生叠加。当两个垂直空白边相遇时，它们将形成一个空白边。这个空白边的高度是两个发生叠加的空白边中的高度的较大者。

边距叠加是一个相当简单的概念。但是，在实践中对网页进行布局时，它会造成许多混淆。当两个垂直边距相遇时，它们将形成一个边界，这个边界的高度等于两个发生叠加的边界的高度中的较大者。

4.2.7　【课堂任务】：网页中空白边叠加的应用

素材文件：源文件 \ 第 4 章 \4-2-7.html　　　案例文件：最终文件 \ 第 4 章 \4-2-7.html
案例要点：理解 CSS 样式中空白边叠加的概念

Step01 执行"文件 > 打开"命令，打开页面"源文件 \ 第 4 章 \4-2-7.html"，可以看到该页面的 HTML 代码，如图 4-18 所示。在浏览器中预览该页面，效果如图 4-19 所示。

图 4-18　网页 HTML 代码

图 4-19　预览页面效果

Step02 转换到该外部 CSS 样式表文件中，找到名称为 #pic1 和 #pic2 的 CSS 样式，可以看到在这两个 CSS 样式中并没有设置边距属性，如图 4-20 所示。切换到"设计"视图，可以看到 id 名称为 pic1 的 Div 与 id 名称为 pic2 的 Div 紧靠在一起，如图 4-21 所示。

图 4-20　CSS 样式代码　　　　　　　　　图 4-21　页面中元素的效果

Step03 转换到外部 CSS 样式表文件中，在名为 #pic1 的 CSS 样式代码中添加下边界的设置，在名为 #pic2 的 CSS 样式代码中添加上边界的设置，如图 4-22 所示。切换到"设计"视图，选中 id 名为 pic1 的 Div，可以看到所设置的下边距效果，如图 4-23 所示。

图 4-22　添加边距属性设置　　　　　　　图 4-23　元素所设置的下边距效果

Step04 选中 id 名为 pic2 的 Div，可以看到所设置的上边距效果，如图 4-24 所示。保存页面和外部 CSS 样式表文件，在浏览器中预览页面，可以看到空白边叠加的效果，如图 4-25 所示。

图 4-24　元素所设置的上边距效果　　　　　图 4-25　预览页面效果

提示

空白边的高度是两个发生叠加的空白边中的高度的较大者。当一个元素包含另一元素中时（假设没有填充或边框将空白边隔开），它们的顶和底空白边也会发生叠加。

4.3　网页元素的定位

Div+CSS 布局将页面首先在整体上进行 <div> 标签的分块，然后对各个块进行 CSS 定位，最后在各个块中添加相应的内容。对通过 Div+CSS 布局的页面进行更新十分容易，通过修改 CSS 样式属性可以对网页元素进行重新定位。

4.3.1　CSS 定位属性

在使用 Div+CSS 布局制作页面的过程中，都是通过 CSS 的定位属性对元素完成位置和大小的控制的。定位就是精确定义 HTML 元素在页面中的位置，可以是页面中的绝对位置，也可以是相对于父级元素或另一个元素的相对位置。

position 属性是最主要的定位属性。position 属性既可以定义元素的绝对位置，又可以定义元素的相对位置。position 属性的语法格式如下：

```
position: static | absolute | fixed | relative;
```

position 属性的属性值说明如表 4-3 所示。

表 4-3　position 属性的属性值说明

属 性 值	说 明
static	设置 position 属性值为 static，表示无特殊定位，该属性值为 position 属性的默认值，遵循 HTML 元素默认定位规则，不能通过 z-index 属性进行层次分级
absolute	设置 position 属性值为 absolute，表示绝对定位，相对于其父级元素进行定位，元素的位置可以通过 top、right、bottom 和 left 等属性进行设置
fixed	设置 position 属性为 fixed，表示悬浮，使元素固定在屏幕的某个位置，其包含块是可视区域本身，因此它不随滚动条的滚动而滚动。IE 5.5+ 及以下版本浏览器不支持该属性
relative	设置 position 属性为 relative，表示相对定位，对象不可以重叠，可以结合 top、right、bottom 和 left 等属性的设置，移动该元素在页面中的位置，可以通过 z-index 属性进行层次分级

在 CSS 样式中设置了 position 属性后，还可以对其他的定位属性进行设置，包括 width、height、z-index、top、right、bottom、left、overflow 和 clip，其中 top、right、bottom 和 left 只有在 position 属性中使用才会起到作用。

其他定位相关属性说明如表 4-4 所示。

表 4-4　其他定位相关属性说明

属 性	说 明
top、right、bottom 和 left	top 属性用于设置元素垂直距顶部的距离；right 属性用于设置元素水平距右部的距离；bottom 属性用于设置元素垂直距底部的距离；left 属性用于设置元素水平距左部的距离
z-index	该属性用于设置元素的层叠顺序
width 和 height	width 属性用于设置元素的宽度；height 属性用于设置元素的高度
overflow	该属性用于设置元素内容溢出的处理方法
clip	该属性设置元素剪切方式

4.3.2　相对定位

设置 position 属性值为 relative，即可将元素的 relative 定位方式设置为相对定位 relative。对一个元素进行相对定位，首先它将出现在它所在的位置。然后通过设置垂直或水平位置，让这个元素相对于它的原始起点进行移动。另外，进行相对定位时，无论是否进行移动，元素仍然占据原来的空间。因此，移动元素会导致它覆盖其他元素。

4.3.3　【课堂任务】：实现网页元素的叠加显示

素材文件：源文件 \ 第 4 章 \4-3-3.html　　　　案例文件：最终文件 \ 第 4 章 \4-3-3.html
案例要点：掌握网页元素相对定位的设置与使用方法

Step 01 执行"文件 > 打开"命令，打开页面"源文件 \ 第 4 章 \4-3-3.html"，可以看到该页面的 HTML 代码，如图 4-26 所示。切换到"设计"视图，可以看到页面中 id 名称为 pic 的 Div 显示在美食图片的下方，如图 4-27 所示。

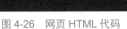

图 4-26　网页 HTML 代码　　　　　　图 4-27　页面设计视图效果

Step 02 在浏览器中预览该页面，可以看到页面元素默认的显示效果，如图 4-28 所示。转换到该网页所链接的外部 CSS 样式表文件中，创建名为 #pic 的 CSS 样式，在该 CSS 样式中添加相应的相对定位代码，如图 4-29 所示。

图 4-28　网页元素的默认显示效果　　　　　图 4-29　CSS 样式代码

> **提示**
>
> 此处在 CSS 样式代码中设置元素的定位方式为相对定位，使元素相对于原位置向右移动了 210 像素，向上移动了 210 像素。

Step 03 返回"设计"视图，可以看到页面中 id 名称为 pic 的元素的显示效果，如图 4-30 所示。保存页面，并保存外部 CSS 样式文件，在浏览器中预览页面，可以看到网页元素相对定位的效果，如图 4-31 所示。

> **提示**
>
> 在使用相对定位时，无论是否进行移动，元素仍然占据原来的空间。因此，移动元素会导致它覆盖其他框。

图 4-30　网页元素相对定位效果

图 4-31　预览页面效果

4.3.4　绝对定位（absolute）

设置 position 属性值为 absolute，即可将元素的定位方式设置为绝对定位。绝对定位是参照浏览器的左上角，配合 top、right、bottom 和 left 进行定位的，如果没有设置上述 4 个值，则默认依据父级元素的坐标原点为原始点。

在父级元素的 position 属性为默认值时，top、right、bottom 和 left 的坐标原点以 body 的坐标原点为起始位置。

4.3.5　【课堂任务】：网页元素固定在页面右侧

素材文件：源文件 \ 第 4 章 \4-3-5.html　　　案例文件：最终文件 \ 第 4 章 \4-3-5.html
案例要点：掌握网页元素绝对定位的设置与使用方法

Step 01 执行"文件 > 打开"命令，打开页面"源文件 \ 第 4 章 \4-3-5.html"，可以看到该页面的 HTML 代码，如图 4-32 所示。在浏览器中预览该页面，可以看到页面效果，如图 4-33 所示。

```
1  <!doctype html>
2  <html>
3  <head>
4  <meta charset="utf-8">
5  <title>网页元素固定在页面右侧</title>
6  <link href="style/4-3-5.css" rel="stylesheet" type="text/css">
7  </head>
8
9  <body>
10 <div id="top">
11   作品 | 服务
12   <img src="images/43502.png" width="54" height="55" alt=""/>
13   博客 | 关于我们
14 </div>
15 <div id="main"><img src="images/43503.png" width="382" height="382" alt=""/>
16 </div>
17 <div id="tb">此处显示  id "tb" 的内容</div>
18 </body>
19 </html>
```

图 4-32　网页 HTML 代码

图 4-33　预览页面效果

Step 02 返回网页设计视图中，将鼠标光标移至页面中名为 tb 的 Div 中，将多余文字删除，在该 Div 中插入图像"源文件 \ 第 4 章 \images\43504.png"，如图 4-34 所示。切换到外部 CSS 样式表文件中，创建名称为 #tb 的 CSS 样式，在该 CSS 样式中添加相应的绝对定位代码，如图 4-35 所示。

Step 03 返回网页设计视图中，可以看到网页元素绝对定位的效果，如图 4-36 所示。保存页面，并保存外部 CSS 样式表文件，在浏览器中预览页面，可以看到网页中元素绝对定位的效果，如图 4-37 所示。

图 4-34　插入图像

图 4-35　CSS 样式代码

图 4-36　元素绝对定位效果

图 4-37　预览页面效果

提示

在名为 #tb 的 CSS 样式设置代码中，通过设置 position 属性为 absolute，将 id 名称为 tb 的元素设置为绝对定位，通过设置其 top 属性值为 50px，将该元素设置居顶边距为 50px，通过设置 right 属性值为 0px，将该元素显示设置居右边距为 0px，也就是紧靠右边缘显示。

技巧

对于定位的主要问题是要记住每种定位的意义。相对定位是相对于元素在文档流中的初始位置，而绝对定位是相对于最近的已定位的父元素，如果不存在已定位的父元素，则相对于最初的包含块。因为绝对定位的框与文档流无关，所以，它们可以覆盖页面上的其他元素。可以通过设置 z-index 属性来控制这些框的堆放次序。z-index 属性的值越大，框在堆中的位置就越高。

4.3.6　固定定位（fixed）

设置 position 属性值为 fixed，即可将元素的定位方式设置为固定定位。固定定位和绝对定位比较相似，是绝对定位的一种特殊形式。固定定位的容器不会随着滚动条的拖动而变化位置。在视线中，固定定位的容器位置是不会改变的。固定定位可以把一些特殊效果固定在浏览器的视线位置。

4.3.7　【课堂任务】：实现固定位置的顶部导航

素材文件：源文件 \ 第 4 章 \4-3-7.html　　案例文件：最终文件 \ 第 4 章 \4-3-7.html
案例要点：掌握网页元素固定定位的设置与使用方法

Step 01 执行"文件>打开"命令，打开页面"源文件 \ 第 4 章 \4-3-7.html"，页面效果如图 4-38 所示。在浏览器中浏览页面，页面顶部的菜单会跟着滚动条一起滚动，如图 4-39 所示。

图 4-38　设计视图效果

图 4-39　预览页面效果

Step02 转换到该文件链接的外部 CSS 样式文件，找到名为 #top 的 CSS 样式，如图 4-40 所示。在该 CSS 样式代码中添加固定定位代码，如图 4-41 所示。

```
#top {
    width: 100%;
    height: 36px;
    text-align: center;
    background-color: #FFF;
    border-bottom: solid 4px #868C36;
}
```

图 4-40　CSS 样式代码

```
#top {
    position: fixed;
    width: 100%;
    height: 36px;
    text-align: center;
    background-color: #FFF;
    border-bottom: solid 4px #868C36;
}
```

图 4-41　添加固定定位设置代码

Step03 保存页面和外部的 CSS 样式文件，在浏览器中预览页面，如图 4-42 所示。拖动滚动条，发现顶部的菜单栏始终固定在窗口的顶部，效果如图 4-43 所示。

图 4-42　预览页面效果

图 4-43　拖动滚动条顶部导航始终固定不动

4.3.8　浮动定位（float）

除了使用 position 属性进行定位，还可以使用 float 属性定位。float 定位只能在水平方向上定位，而不能在垂直方向上定位。float 属性表示浮动属性，用来改变元素块的显示方式。

浮动定位是 CSS 排版中非常重要的手段。浮动的框可以左右移动，直到它外边缘碰到包含框或另一个浮动框的边缘。float 属性的语法格式如下：

```
float: none | left | right;
```

设置 float 属性为 none，表示元素不浮动；设置 float 属性为 left，表示元素向左浮动；设置 float 属性为 right，表示元素向右浮动。

> **提示**
>
> 浮动定位是在网页布局制作过程中使用最多的定位方式，通过设置浮动定位可以将网页中的块状元素在一行中显示。

4.3.9　【课堂任务】：制作顺序排列的图像列表

素材文件：源文件 \ 第 4 章 \4-3-9.html　　案例文件：最终文件 \ 第 4 章 \4-3-9.html
案例要点：掌握网页元素浮动定位的设置与使用方法

Step 01 执行"文件 > 打开"命令，打开页面"源文件 \ 第 4 章 \4-3-6.html"，可以看到该页面的 HTML 代码，如图 4-44 所示。转换到设计视图中，分别在 id 名称为 pic1、pic2 和 pic3 的 3 个 Div 中插入相应的图像，如图 4-45 所示。

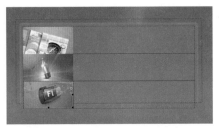

图 4-44　网页 HTML 代码　　　　　　　图 4-45　分别在各 Div 中插入图像

Step 02 转换到该网页所链接的外部 CSS 样式表文件中，分别创建名为 #pic1、#pic2 和 #pic3 的 CSS 样式代码，如图 4-46 所示。保存外部 CSS 样式表文件，在浏览器中预览页面，可以看到页面中这 3 个元素的显示效果，如图 4-47 所示。

图 4-46　CSS 样式代码　　　　　　　　　图 4-47　预览页面效果

Step 03 返回外部 CSS 样式表文件中，将 id 名为 pic1 的 Div 向右浮动，在名为 #pic1 的 CSS 样式代码中添加右浮动代码，如图 4-48 所示。切换到设计视图中，可以看到 id 名为 pic1 的 Div 脱离文档流并向右浮动，直到该 Div 碰到包含框 box 的右边框，如图 4-49 所示。

Step 04 转换到外部 CSS 样式表文件中，将 id 名为 pic1 的 Div 向左浮动，在名为 #pic1 的 CSS 样式代码中添加左浮动代码，如图 4-50 所示。返回网页设计视图，id 名为 pic1 的 Div 向左浮动，id 名为 pic2 的 Div 被遮盖了，如图 4-51 所示。

图 4-48　添加 float 属性设置代码　　图 4-49　元素向右浮动效果　　图 4-50　添加 float 属性设置代码

提示

当 id 名为 pic1 的 Div 脱离文档流并向左浮动时，直到它的边缘碰到包含 box 的左边缘。因为它不再处于文档流中，所以，它不占据空间，实际上覆盖住了 id 名为 pic2 的 Div，使 pic2 的 Div 从视图中消失，但是该 Div 中的内容还占据着原来的空间。

Step 05 转换到外部 CSS 样式表文件中，分别在 #pic2 和 #pic3 的 CSS 样式中添加向左浮动代码，如图 4-52 所示。将这 3 个 Div 都向左浮动，切换到设计视图中，可以看到这 3 个元素都向左浮动的效果，如图 4-53 所示。

图 4-51　元素向左浮动效果　　　图 4-52　添加 float 属性设置代码　　　图 4-53　元素全部向左浮动效果

提示

将 3 个 Div 都向左浮动，那么 id 名为 pic1 的 Div 向左浮动，直到碰到包含 box 的左边缘，另外两个 Div 向左浮动，直到碰到前一个浮动 Div。

Step 06 3 个元素已经实现了在一行中进行显示，但是它们紧靠在一起，可以为这 3 个元素设置相应的边距。转换到外部 CSS 样式表文件中，分别在 #pic1、#pic2 和 #pic3 的 CSS 样式中添加 margin 属性设置，如图 4-54 所示。保存外部 CSS 样式表文件，在浏览器中预览页面，效果如图 4-55 所示。

图 4-54　添加 margin 属性设置代码　　　　　　　图 4-55　预览页面效果

Step 07 返回网页 HTML 代码中，在 id 名为 pic3 的 Div 之后分别添加 id 名为 pic4 至 pic6 的 Div，并在各 Div 中插入相应的图像，如图 4-56 所示。切换到设计视图中，可以看到所添加的 pic4、pic5 和 pic6 的默认效果，如图 4-57 所示。

Step 08 转换到外部 CSS 样式表文件中，定义名为 #pic4、#pic5、#pic6 的 CSS 样式，如

图 4-58 所示。保存页面，并保存外部 CSS 样式文件，在浏览器中预览页面，可以看到页面效果，如图 4-59 所示。

图 4-56 添加 HTML 代码　　　　　　　　　　图 4-57 页面设计视图效果

图 4-58 CSS 样式代码　　　　　　　　　　图 4-59 预览页面效果

提示

　　如果包含框太窄，无法容纳水平排列的多个浮动元素，那么其他浮动元素将向下移动，直到有足够空间的地方。如果浮动元素的高度不同，那么当它们向下移动时可能会被其他浮动元素卡住。

技巧

　　前面已经介绍过，HTML 页面中的元素分为行内元素和块元素。行内元素是可以显示在同一行上的元素，如 <span>；块元素是占据整行空间的元素，如 <div>。如果需要将两个 <div> 显示在同一行上，就可以通过使用 float 属性来实现。

4.4　常用网页布局方式

　　CSS 作为网页布局与样式设计的基石，不仅超越了传统 HTML 在样式控制上的局限性，还赋予了开发者对网页元素位置排版进行像素级精准操控的能力。此外，CSS 还赋予了开发者对网页对象盒模型样式的全面掌控，使得页面布局与样式设计更加灵活多变。更令人瞩目的是，CSS 还具备进行初步页面交互设计的潜力，为网页增添了丰富的动态效果。

4.4.1　居中布局

　　网页设计居中目前在网页布局的应用中非常广泛，因此，如何在 CSS 中让设计居中显示是大多数开发人员首先要学习的重点之一。实现网页内容居中布局有以下两种方法。

1. 使用自动空白边居中

假设一个布局，希望其中的容器 Div 在屏幕上水平居中，代码如下：

```
<body>
<div id="box"></div>
</body>
```

只需要定义 Div 的宽度，然后将水平空白边设置为 auto 即可实现居中布局，代码如下：

```
#box{
    width: 800px;
    height: 500px;
    background-color:     #0099FF;
    border: 5px    solid    #005E99;
    margin: 0px auto;
}
```

图 4-60　元素水平居中显示效果

则 id 名为 box 的 Div 在页面中是居中显示的，如图 4-60 所示。

2. 使用定位和负值空白边居中

首先定义容器的宽度，然后将容器的 position 属性设置为 relative，将 left 属性设置为 50%，就会把容器的左边缘定位在页面的中间，CSS 样式的设置代码如下：

```
#box{
    width: 800px;
    position: absolute;
    left: 50%;
}
```

如果不希望让容器的左边缘居中，而是让容器的中间居中，那么，只要对容器的左边应用一个负值的空白边，宽度等于容器宽度的一半即可。这样就会把容器向左移动它的宽度的一半，从而让它在屏幕上居中，CSS 样式代码如下：

```
#box{
    width: 800px;
    position: absolute;
    left: 50%;
    margin-left: -400px;
}
```

4.4.2　浮动布局

在 Div+CSS 布局中，浮动布局是使用最多，也是常见的布局方式。浮动的布局又可以分为多种形式，接下来分别进行介绍。

1. 两列固定宽度布局

两列宽度布局非常简单，HTML 代码如下：

```
<div id="left">左列</div>
<div id="right">右列</div>
```

为 id 名为 left 与 right 的 Div 设置 CSS 样式，让两个 Div 在水平行中并排显示，从而形成两列式布局，CSS 代码如下：

```
#left{
    width: 400px;
    height: 500px;
    background-color:    #0099FF;
    float: left;
}
#right{
    width: 400px;
    height: 500px;
    background-color:    #FFFF00;
    float: left;
}
```

为了实现两列式布局，使用了 float 属性，这样两列固定宽度的布局就能够完整显示出来，预览效果如图 4-61 所示。

2. 两列固定宽度居中布局

两列固定宽度居中布局可以使用 Div 的嵌套方式来完成，用一个居中的 Div 作为容器，将两列分栏的两个 Div 放置在容器中，从而实现两列的居中显示。HTML 代码结构如下：

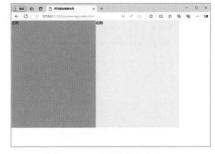

图 4-61　两列固定宽度布局

```
<div id="box">
<div id="left">左列</div>
<div id="right">右列</div>
</div>
```

为分栏的两个 Div 加上了一个 id 名为 box 的 Div 容器，CSS 代码如下：

```
#box {
    width: 820px;
    margin: 0px auto;
}
#left{
    width: 400px;
    height: 500px;
    background-color:    #0099FF;
     border: solid 5px    #005E99;
    float: left;
}
#right{
    width: 400px;
    height:500px;
    background-color:    #FFFF00;
     border: solid 5px    #FF9900;
    float: left;
}
```

ID 名为 box 的 Div 有了居中属性，自然里面的内容也能做到居中，这样就实现了两列的居中显示，预览效果如图 4-62 所示。

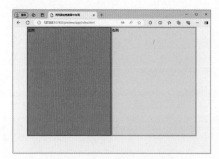

图 4-62   两列固定宽度居中布局

提示

　　一个对象的宽度，不仅由 width 值来决定，它的真实宽度是由本身的宽、左右外边距，以及左右边框和内边距这些属性相加而成的，而 #left 宽度为 400px，左、右都有 5px 的边距，因此，实际宽度为 410。#right 与 #left 相同，所以将 #box 的宽度设定为 820px。

　　3. 两列宽度自适应布局

　　主要通过宽度的百分比值设置自适应，因此，在两列宽度自适应布局中也同样是对百分比宽度值设定，CSS 代码如下：

```
#left {
    width: 25%;
    height: 500px;
    background-color:       #0099FF;
    border: solid 5px       #005E99;
    float: left;
}
#right {
    width: 70%;
    height: 500px;
    background-color:       #FFFF00;
     border: solid 5px      #FF9900;
    float: left;
}
```

　　将左栏宽度设置为 25%，将右栏宽度设置为 70%，可以看到页面的预览效果，如图 4-63 所示。

提示

　　没有把整体宽度设置为 100%，是因为前面已经提示过，左侧对象不仅仅是浏览器窗口 20% 的宽度，还应当加上左、右深色的边框，这样算下来的话，左、右栏都超过了自身的百分比宽度，最终的宽度也超过了浏览器窗口的宽度，因此，右栏将被挤到第二行显示，从而失去左右分栏的效果。

　　4. 两列右列宽度自适应布局

　　在实际应用中，有时需要左栏固定宽度，右栏根据浏览器窗口的大小自动适应。在 CSS 中只需要设置左栏宽度，右栏不设置任何宽度值，并且右栏不浮动。CSS 代码如下：

```
#left {
    width: 400px;
    height: 500px;
    background-color:       #0099FF;
    border: solid 5px       #005E99;
    float: left;
}
#right {
    height: 500px;
    background-color:       #FFFF00;
    border: solid 5px       #FF9900;
}
```

　　左栏将呈现 400px 的宽度，而右栏将根据浏览器窗口大小自动适应。两列右列宽度自适应经常在网站中用到，不仅右列，左列也可以自适应，方法是一样的，如图 4-64 所示。

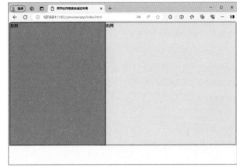

图 4-63　两列宽度自适应布局　　　　　　图 4-64　两列右列宽度自适应布局

5. 三列浮动中间列宽度自适应布局

　　三列浮动中间列宽度自适应布局，是左栏固定宽度居左显示，右栏固定宽度居右显示，而中间栏则需要在左栏和右栏的中间显示，根据左、右栏的间距变化自动适应。单纯使用 float 属性与百分比属性不能实现，这就需要绝对定位来是实现了。绝对定位后的对象，不需要考虑它在页面中的浮动关系，只需要设置对象的 top、right、bottom 及 left 4 个方向即可。HTML 代码结构如下：

```
<div id="left">左列</div>
<div id="main">中列</div>
<div id="right">右列</div>
```

首先使用绝对定位将左列与右列进行位置控制，CSS 代码如下：

```
* {                      /*通配选择器*/
    margin: 0px;
    padding: 0px;
}
#left {
    width: 200px;
    height: 500px;
    background-color:    #0099FF;
    border: solid 5px    #005E99;
    position: absolute;
    top: 0px;
    left: 0px;
}
#right {
    width: 200px;
    height: 500px;
    background-color:    #FFFF00;
    border: solid 5px    #FF9900;
    position: absolute;
    top: 0px;
    right: 0px;
}
```

中列用普通 CSS 样式，CSS 代码如下：

```
#main {
    height: 500px;
    background-color:      #9FC;
    border: 5px solid      #FF9;
    margin: 0px 210px 0px 210px;
}
```

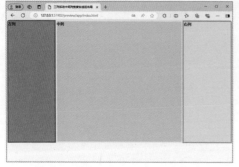

图 4-65　三列浮动中单列是宽度自适应

对于 id 名为 main 的 Div 来说，不需要再设定浮动方式，只需要让它的左边和右边的边距永远保持 #left 和 #right 的宽度，便实现了两边各让出 210px 的自适应宽度，刚好让 #main 在这个空间中，从而实现了布局的要求，预览效果如图 4-65 所示。

4.4.3　自适应高度的解决方法

可以使用百分比值设置元素的高低，但是如果直接设置元素的 height 属性为 100%，该元素在网页中并不会显示为所需要的效果，其原因在于浏览的解析方式，可以通过如下 CSS 样式设置来实现元素高度在浏览器窗口中的自适应效果。

```
html,body {
    margin:0px;
    padding: 0px;
    height: 100%;
}
#left {
    width: 500px;
    height: 100%;
    background-color: #0099FF;
}
```

对 #left 设置 height:100% 的同时，也设置了 HTML 与 body 的 height:100%，一个对象高度是否可以使用百分比显示，取决于对象的父级对象，id 名为 left 的 Div 在页面中直接放置在 <body> 标签中，因此，它的父级就是 <body> 标签。而浏览器默认状态下，没有给 <body> 标签一个高度属性，因此，直接设置 #left 的 height:100% 时，不会产生任何效果，而当给 <body> 标签设置了 100% 之后，它的子级对象 #left 的 height:100% 便起了作用，这便是浏览器解析规则引发的高度自适应问题。给 HTML 对象设置 height:100%，可以使 IE、Edge、Chrome 等大多数浏览器都能实现高度自适应，如图 4-66 所示。

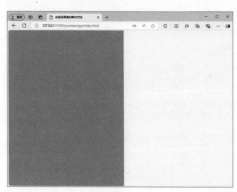

图 4-66　元素自适应高度

4.5 本章小结

本章详尽而系统地解析了 CSS 盒模型的内在运行机制，并深入探讨了与网页元素定位密切相关的各种属性。通过学习本章内容，读者将能够掌握 Div+CSS 网页布局的核心精髓，这不仅将极大地增强网页设计的技能水平，更为后续在网页设计领域的探索与实践打下坚实而稳固的基础。

4.6 课后练习

完成对本章内容的学习后，接下来通过课后练习，检测读者对本章内容的学习效果，同时加深读者对所学知识的理解。

一、选择题

1. 以下哪个 CSS 样式属性不属于控制盒模型的属性？（　　　）

    A. margin   B. border   C. padding   D. content

2. 设置网页元素的 position 属性值为（　　　），可以将该元素设置为相对定位。

    A. absolute   B. relative   C. static   D. fixed

3. 设置网页元素的 position 属性值为（　　　），可以将该元素设置为绝对定位。

    A. absolute   B. relative   C. static   D. fixed

4. 在对网页元素进行浮动定位时，如果希望网页元素向左浮动，可以设置 float 属性值为（　　　）。

    A. right   B. left   C. bottom   D. vtop

5. 在 CSS 样式中，margin 属性用于设置元素的（　　　）。

    A. 边距   B. 填充   C. 边框   D. 位置

二、填空题

1. 与其他 HTML 标签一样，只需在代码中应用_____这样的标签形式，将内容放置其中，便可以应用 Div 标签。

2. 基础盒模型是由_____、_____、_____和_____几个部分组成的，此外，在盒模型中，还具备高度和宽度两个辅助属性。

3. 在网页中如果希望元素水平居中显示，可以通过 margin 属性设置左边距和右边距均为_____，则该元素在网页中会自动水平居中显示。

4. _____属性是最主要的定位属性，既可以定义元素的绝对位置，又可以定义元素的相对位置。

5. 设置 position 属性值为_____，即可将元素的定位方式设置为固定定位。

三、简答题

简单描述块元素与行内元素的区别，并能够在网页制作过程中灵活运用。

第 5 章
插入文本元素

文本作为网页设计的基石，是直接且有效地向访问者传递信息的媒介。借助 Dreamweaver 这款强大的网页开发工具，用户可以轻松自如地在网页上添加各类文本内容，甚至还能巧妙地融入特殊文本元素。本章旨在详尽地指导读者如何在网页中嵌入头部信息、普通文本内容，并教授大家如何插入那些独特的文本元素和条理分明的列表，以帮助大家掌握构建文本丰富、引人入胜的网页所需的精湛技艺和实用方法。

学习目标

1. 知识目标
- 了解网页头信息的作用。
- 了解在网页中输入文字的方法。
- 掌握在网页中插入段落和换行符的方法。
- 理解网页中特殊字符的表现方式。
- 理解项目列表和编号列表。

2. 能力目标
- 能够对网页头信息进行设置。
- 能够制作文本网页。
- 能够在网页中插入水平线和其他特殊字符。
- 能够制作无序列表和有序列表。
- 能够制作出网页滚动文本。

3. 素质目标
- 树立良好的职业道德意识，遵守职业规范。
- 具有高度的责任感和敬业精神。

5.1 网页头信息设置

一个完整的 HTML 网页文件由两大核心组件构成：head 部分与 body 部分。在 head 部分蕴藏着诸多不可或缺但又不显山露水的元信息（头信息），如语言编码的指定、版权声明的声明、关键字的设置、作者信息的展示及网页的简要描述等。body 部分承载着网页中所有可见的丰富内容，包括文字叙述、图像展示、精心布局的 Div 元素及交互性强的表单等。

虽然头信息的配置效果在网页中直接呈现并不鲜见，但是从功能上看，这些都是必不可少的。头信息是网页中必不可少的信息，它可以帮助网页实现其功能。

5.1.1　设置网页标题

网页标题可以是中文、英文或符号，它显示在浏览器的标题栏，如图 5-1 所示。当网页被加入收藏夹时，网页标题又作为网页的名字出现在收藏夹中。

转换到代码视图中，可以在网页 HTML 代码的 <head> 与 </head> 标签之间的 <title> 标签中看到所设置的网页标题，在这里可以直接修改页面标题，如图 5-2 所示。

图 5-1　网页标题

图 5-2　在 <title> 标签之间输入网页标题

技巧

在 Dreamweaver 中新建页面，页面的默认标题为"无标题文档"，用户除了可以使用以上方法修改页面标题，还可以直接在"新建文档"对话框中设置新建 HTML 页面的标题。

5.1.2　设置网页关键字

关键字的作用是协助因特网上的搜索引擎寻找网页，网站的来访者大多都是由搜索引擎引导来的。

如果需要设置网页的关键字，可以单击"插入"面板上的 Keywords 按钮，如图 5-3 所示。在弹出的 Keywords 对话框中输入网页的关键字，单击"确定"按钮，即可完成网页关键字的设置，如图 5-4 所示。

图 5-3　单击 Keywords 按钮

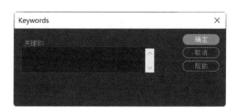

图 5-4　Keywords 对话框

提示

设置的关键字必须是与该网站内容相贴切的内容，并且有些搜索引擎限制索引的关键字或字符的数目，当超过了限制的数目时，将忽略所有的关键字，所以，最好使用几个精选的关键字。

5.1.3　设置网页说明

许多搜索引擎装置读取描述网页的说明信息内容，有些使用该信息在它们的数据库中将网页编入索引，而有些还在搜索结果页面中显示网页说明信息。

如果需要设置网页说明信息内容，可以单击"插入"面板中的"说明"按钮，如图 5-5 所示，弹出"说明"对话框，如图 5-6 所示，在该对话框中输入网页的说明信息，单击"确定"按钮，即可完成网页说明的设置。

图 5-5　单击"说明"按钮

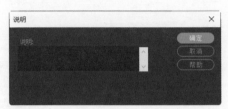

图 5-6　"说明"对话框

5.1.4　插入视口

"视口"功能主要用于浏览者使用移动设备查看网页时控制网页布局的大小。每款手机都有不同的屏幕大小和不同的分辨率，通过视口的设置，可以使制作出来的网页大小适合各种手机屏幕大小使用。

在网页中插入视口的方法很简单，单击"插入"面板中的"视口"按钮，如图 5-7 所示，即可在网页中插入视口。转换到网页的代码视图中，在 <head> 与 </head> 标签中可以看到所设置的视口代码，如图 5-8 所示。

图 5-7　单击"视口"按钮

图 5-8　视口代码

width 属性用于设置视口的大小，例如，width=device-width 表示视口的宽度默认等于屏幕的宽度。initial-scale 属性用于设置网页初始缩放比例，也即当网页第一次载入时的缩放比例，例如，initial-scale=1 表示网页初始大小占屏幕面积的 100%。

5.1.5　设置网页 META 信息

META 信息用来记录当前网页的相关信息，如编码、作者和版权等，也可以用来给服务器提供信息，如网页终止时间和刷新的间隔等，设置 META 的步骤介绍如下。

单击"插入"面板中的 META 按钮，如图 5-9 所示，弹出 META 对话框，如图 5-10 所示，在该对话框中输入相应的信息，单击"确定"按钮，即可在网页的头部添加相应的数据。

在 META 对话框的"属值"下拉列表中包含"名称"和 HTTP-equivalent 两个选项，分别对应 NAME 变量和 HTTP-EQUIV 变量；在"值"文本框中可以输入 NAME 变量或 HTTP-EQUIV 变量的值；在"内容"文本框中可以输入 NAME 变量或 HTTP-EQUIV 变量的内容。

图 5-9　单击 META 按钮

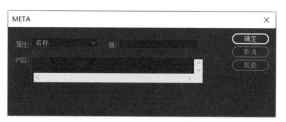

图 5-10　META 对话框

1. 设置网页编码格式

在 META 对话框的"属性"下拉列表框中选择 HTTP-equivalent 选项，在"值"文本框中输入 Content-Type，在"内容"文本框中输入 charset=UTF-8，则设置文字编码为国际通用编码，如图 5-11 所示。

2. 设置网页到期时间

在 META 对话框的"属性"下拉列表框中选择 HTTP-equivalent 选项，在"值"文本框中输入 expires，在"内容"文本框中输入 Wed,20 Jun 2025 09:00:00 GMT，则网页将在格林尼治时间 2025 年 6 月 20 日 9 点过期，届时将无法脱机浏览这个网页，必须联网重新浏览这个网页，如图 5-12 所示。

图 5-11　设置网页编码格式

图 5-12　设置网页到期时间

3. 禁止浏览器从本地计算机缓存调阅页面内容

浏览器访问某个页面时会将它保存在缓存中，下次再访问该页面时就可以从缓存中读取，以缩短访问该页的时间。如果希望访问者每次访问时都刷新网页广告的图标或网页的计数器，就需要禁用缓存。在 META 对话框的"属性"下拉列表框中选择 HTTP-equivalent 选项，在"值"文本框中输入 Pragma，在"内容"文本框中输入 no-cache，如图 5-13 所示，则禁止该页面保存在访问者的缓存中。

4. 设置 cookie 过期时间

在 META 对话框的"属性"下拉列表框中选择 HTTP-equivalent 选项，在"值"文本框中输入 set-cookie，在"内容"文本框中输入 Wed,20 Jun 2025 09:00:00 GMT，如图 5-14 所示，则 cookie 将在格林尼治时间 2025 年 6 月 20 日 9 点过期，并被自动删除。

图 5-13　禁止从缓存中读取页面

图 5-14　设置 cookie 过期时间

提示

cookie 是小的数据包，里面包含关于用户上网的习惯信息。cookie 主要被广告代理商用来进行人数统计，以及查看某个站点吸引了哪种消费者。一些网站还使用 cookie 来保存用户最近的账号信息。这样，当用户进入某个站点，而该用户又在该站点有账号时，站点就会立刻知道此用户是谁，并自动载入这个用户的个人信息。

5. 强制页面在当前窗口中以独立页面显示

在 META 对话框的"属性"下拉列表框中选择 HTTP-equivalent 选项，在"值"文本框中输入 Window-target，在"内容"文本框中输入 _top，如图 5-15 所示，则可以防止这个网页被显示在其他网页的框架结构中。

6. 设置网页编辑器信息

在 META 对话框的"属性"下拉列表框中选择"名称"选项，在"值"文本框中输入 Generator，在"内容"文本框中输入所用的网页编辑器，如图 5-16 所示。

图 5-15　强制以独立页面显示

图 5-16　设置网页编辑器信息

7. 设置网页作者信息

在 META 对话框的"属性"下拉列表框中选择"名称"选项，在"值"文本框中输入 Author，在"内容"文本框中输入"李某某"，如图 5-17 所示，则说明这个网页的作者是李某某。

8. 设置网页版权声明

在 META 对话框的"属性"下拉列表框中选择"名称"选项，在"值"文本框中输入 Copyright，在"内容"文本框中输入版权声明，如图 5-18 所示。

图 5-17　设置网页作者信息

图 5-18　设置网页版权声明信息

5.1.6　【课堂任务】：设置网页头信息

素材文件：源文件 \ 第 5 章 \5-1-6.html　　案例文件：最终文件 \ 第 5 章 \5-1-6.html
案例要点：理解并掌握网页头信息的设置方法

Step01 执行"文件 > 打开"命令，打开页面"源文件 \ 第 5 章 \5-1-6.html"，可以看到页面的 HTML 代码，如图 5-19 所示。转换到设计视图中，可以看到页面的效果，如图 5-20 所示。

Step02 单击"插入"面板中的 Keywords 按钮，弹出 Keywords 对话框，为网页设置关键字，多个关键字之间使用英文逗号分隔，如图 5-21 所示。单击"确定"按钮，完成页面关键字的设置，在 HTML 代码的 <head> 部分可以看到设置网页关键字的代码，如图 5-22 所示。

图 5-19　网页 HTML 代码

图 5-20　页面设计视图效果

图 5-21　设置网页关键字

图 5-22　设置网页关键字代码

Step03 单击"插入"面板中的"说明"按钮，弹出"说明"对话框，为网页设置说明内容，如图 5-23 所示。单击"确定"按钮，完成页面说明的设置，在 HTML 代码的 <head> 部分可以看到设置网页说明的代码，如图 5-24 所示。

图 5-23　设置网页说明

图 5-24　设置网页说明代码

Step04 接着设置页面的作者信息，单击"插入"面板中的 META 按钮，弹出 META 对话框，设置如图 5-25 所示。设置页面的编辑软件信息，单击"插入"面板中的 META 按钮，弹出 META 对话框，设置如图 5-26 所示。

图 5-25　设置网页作者信息

图 5-26　设置网页编辑器信息

Step05 完成网页头信息的设置，转换到代码视图中，可以看到网页头部标签 <head> 之间的相关代码，如图 5-27 所示。保存页面，在浏览器中预览页面，效果如图 5-28 所示。

提示

可以为网页添加多种页面头信息内容，最主要的就是页面关键字、页面说明、页面标题、页面版权声明等信息，其他各种页面头信息，可以根据实际需要进行添加。

图 5-27　网页头信息代码　　　　　　　图 5-28　预览页面效果

5.2　在网页中输入文本

在网页中，文本内容是比较重要也是最基本的组部分，Dreamweaver 与普通文字处理程序一样，可以对网页中的文字和字符进行格式化处理。

5.2.1　在网页中输入文本的两种方法

在网页中需要输入大量的文本内容时，可以通过以下两种方式来输入文本内容。

一是在网页编辑窗口中直接用键盘输入文本，这是最基本的输入方式，与一些文本编辑软件的使用方法相同，如 Microsoft Word。

二是使用复制粘贴的方法。有些用户可能不喜欢在 Dreamweaver 直接输入文字，更习惯在专门文本编辑软件中快速打字，如 Microsoft Word 和 Windows 中的记事本等，或者是文本的电子版本，那么就可以直接使用 Dreamweaver 的文本复制功能，将大段的文本内容复制到网页的编辑窗口来进行排版。

接下来将通过一个案例，介绍如何通过复制的方式向网页中添加文本内容。

5.2.2　【课堂任务】：制作文本介绍页面

素材文件：源文件 \ 第 5 章 \5-2-2.html　　案例文件：最终文件 \ 第 5 章 \5-2-2.html
案例要点：掌握在网页中输入文本内容的方法和技巧

Step01 执行"文件＞打开"命令，打开页面"源文件 \ 第 5 章 \5-2-2.html"，效果如图 5-29 所示。打开准备好的文本文件，打开"源文件 \ 第 5 章 \ 文本 .txt"，将文本全部选中，如图 5-30 所示。

图 5-29　打开页面

图 5-30　选中文本

Step02 执行"编辑＞复制"命令，切换到 Dreamweaver 中，将光标移至页面中需要输入文本内容的位置，执行"编辑＞粘贴"命令，即可将文本快速粘贴到网页中，效果如图 5-31 所示。保存页面，在浏览器中预览页面，效果如图 5-32 所示。

图 5-31　将复制的文本粘贴到网页中

图 5-32　在浏览器中预览页面

5.2.3　插入段落

段落是文本排版中最常见的一种方式，通过段落可以更好地组织大段文字内容。在网页中对大段文本内容进行排版处理时，也常常需要对文本进行分段操作，在 Dreamweaver 中对文本进行分段操作有两种方法，一种方法是单击"插入"面板中的"段落"按钮，如图 5-33 所示，即可在光标所在位置插入段落标签，如图 5-34 所示。

图 5-33　单击"段落"按钮

图 5-34　在光标所在位置插入段落标签

段落标签为 <p>，可以在段落标签之间输入文本内容，如图 5-35 所示，可以将文本彻底划分到下一段落中，两个段落之间将会留出一条空白行，效果如图 5-36 所示。

图 5-35　在段落标签之间输入文本

图 5-36　段落之间默认会有空行

另一种创建段落文本的方法是在网页中输入文字内容，在需要分段的位置按 Enter 键，即可自动将文本分段，在 HTML 代码中会自动为文本添加段落标签。

5.2.4 插入换行符

文本分行是指强行将文本内容转到下一行中进行显示，但文本内容仍然在一个段落中。在 Dreamweaver 中对文本进行分行的操作方法有两种。一种是将光标置于页面中需要进行文本分行的位置，单击"插入"面板中的"字符"按钮，在弹出的菜单中选择"换行符"选项，如图 5-37 所示，即可将光标以后的文本内容强制转换到下一行中显示，如图 5-38 所示。

图 5-37　单击"换行符"按钮　　　　　　　图 5-38　强制转换到下一行

换行符在 HTML 代码中显示为
 标签，如图 5-39 所示。可以使文本转换到下一行去，在这种情况下被分行的文本仍然在同一段落中，中间也不会留出空白行，效果如图 5-40 所示。

图 5-39　文本换行标签　　　　　　　　　图 5-40　文本换行效果

在文本输入过程中按 Shift+Enter 组合键，即可在光标所在位置插入换行符并转换到下一行。

提示

这两种操作看似很简单，不容易被重视，但实际情况恰恰相反，很多文本样式是应用在段落上的，如果之前没有把段落与行划分好，再修改起来便会很麻烦。上个段落会保持一种固定的样式，如果希望两段文本应用不同样式，可用段落标签新分一个段落，如果希望两段文本有相同样式，直接使用换行符新分一行即可，它将仍在原段落中保持原段落样式。

5.3 插入特殊的文本对象

在网页中除了可以输入普通的文本内容，还可以插入一些比较特殊的文本元素，如水平线、特殊字符等。本节将介绍如何在网页中插入特殊的文本对象。

5.3.1　插入水平线

在网页中，可以使用一条或多条水平线分隔文本或其他元素。

如果需要在网页中插入水平线，只需要单击"插入"面板中的"水平线"按钮，如图 5-41 所示，即可在光标所在位置插入水平线。转换到网页 HTML 代码中，可以看到在光标所在位置显示水平线标签 <hr>，如图 5-42 所示。

图 5-41　单击"水平线"按钮

图 5-42　水平线标签

在网页中输入一个 <hr> 标签，就添加了一条默认样式的水平线，且在页面中占据一行。在 <hr> 标签中可以添加宽度、粗细、颜色、对齐方式等属性设置代码。

<hr> 标签的基本语法如下：

```
<hr width=" 宽度 " size=" 粗细 " align=" 对齐方式 " color=" 颜色 " noshade>
```

5.3.2　插入时间

在对网页进行了更新后，一般都会加上更新日期。在 **Dreamweaver** 中只需单击"日期"按钮，选择日期显示的格式，即可向网页中加入当前的系统日期和时间。而且通过设置，可以使网页每次保存时都能自动更新日期。

将光标移至需要插入日期的位置，单击"插入"面板中的"日期"按钮，如图 5-43 所示，弹出"插入日期"对话框，如图 5-44 所示，在该对话框中进行设置，单击"确定"按钮，即可在光标所在位置插入日期。

图 5-43　单击"日期"按钮

图 5-44　"插入日期"对话框

5.3.3　插入空格和特殊字符

一般情况下，在网页中输入文字时，如果在段落开始增加了空格，则在使用浏览器进行浏览时往往看不到这些空格。这是因为在 HTML 文件中，浏览器本身会将两个句子之间的所有半角空格仅当作一个来看待。如果需要保留空格的效果，一般需要使用全角空格符号，或者使用空格代码来代替。在 HTML 代码中按空格键，是无法显示在页面上的。

图 5-45　单击"不换行空格"按钮

图 5-46　空格 HTML 代码

如果需要在网页中插入空格，可以将光标移至需要插入空格的位置，单击"插入"面板中的"不换行空格"按钮，如图 5-45 所示，即可在光标所在位置插入一个不换行空格。在 HTML 代码中该不换行空格显示为   代码，如图 5-46 所示。

在 HTML 代码中， 表现为一个空格字符（半角空格），在网页中可以输入多个空格，输入一个空格使用   表示，输入多少个空格就添加多少个 。

特殊字符在 HTML 中是以名称或数字的形式表示的，它们被称为实体，其中包含注册商标、版权符号和商标符号等字符的实体名称。

将光标移至需要插入特殊字符的位置，在"插入"面板中单击"字符"按钮旁边的下三角按钮，在弹出的菜单中可以选择需要插入的特殊字符，如图 5-47 所示。选择"其他字符"选项，在弹出的"插入其他字符"对话框中可以选择更多特殊字符，如图 5-48 所示，单击需要的字符，或直接在"插入"文本框中输入特殊字符的编码，单击"确定"按钮，即可插入相应的特殊字符。

图 5-47　"字符"下拉菜单

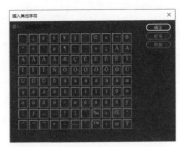

图 5-48　"插入其他字符"对话框

常用特殊字符及其对应的 HTML 代码如表 5-1 所示。

表 5-1　常用的特殊字符及其对应的 HTML 代码

特殊字符	HTML 代码	特殊字符	HTML 代码
"	&quote;	&	&amp;
<	&lt;	>	&gt;
×	&times;	§	&sect;
©	&copy;	®	&reg;
™	&trade;		

5.3.4　【课堂任务】：在网页中插入特殊字符

素材文件：源文件 \ 第 5 章 \5-3-4.html　　案例文件：最终文件 \ 第 5 章 \5-3-4.html
案例要点：掌握在网页中插入水平线等特殊字符的方法

Step 01 执行"文件＞打开"命令，打开页面"源文件 \ 第 5 章 \5-3-4.html"，可以看到页面的 HTML 代码，如图 5-49 所示。转换到设计视图中，可以看到页面的效果，如图 5-50 所示。

图 5-49　网页 HTML 代码

图 5-50　页面设计视图效果

Step 02 将鼠标光标移至需要插入水平线的位置，单击"插入"面板中的"水平线"按钮，如图 5-51 所示，即可在光标所在位置插入水平线，默认效果如图 5-52 所示。

图 5-51　单击"水平线"按钮

图 5-52　水平线默认显示效果

Step 03 转换到网页 HTML 代码中，在 <hr> 标签中添加相应的属性设置代码，如图 5-53 所示。保存页面，在浏览器中预览页面，可以看到网页中水平线的效果，如图 5-54 所示。

图 5-53　添加属性设置

图 5-54　预览水平线效果

提示

默认的水平线是空心立体的效果，可以在 <hr> 标签中添加 noshade 属性，noshade 是布尔值的属性，如果在 <hr> 标签中添加该属性，则浏览器不会显示立体形状的水平线，反之，如果不添加该属性，则浏览器默认显示一条立体形状带有阴影的水平线。

Step 04 将鼠标光标移至需要插入特殊字符的位置，单击"插入"面板中的"字符"按钮，在弹出的菜单中选择"版权"选项，如图 5-55 所示。在光标所在位置插入版权字符，效果如图 5-56 所示。

图 5-55　选择"版权"选项　　　　　　图 5-56　插入版权字符

Step05 将鼠标光标移至"花花工作室"文字之后，单击"插入"面板中的"不换行空格"按钮，如图 5-57 所示。在光标所在位置插入一个空格，转换到代码视图中，可以看到在光标位置插入的空格代码，如图 5-58 所示。

图 5-57　单击"不换行空格"按钮　　　　　　图 5-58　空格代码

技巧

除了可以添加   代码插入空格，还可以将中文输入法状态切换到全角输入法状态，直接按空格键同样可以在文字中插入空格，但并不推荐使用这种方法，最好还是使用   代码来添加空格。

图 5-59　"插入日期"对话框　　图 5-60　插入当前系统日期

Step06 将光标定位在刚插入的空格之后，单击"插入"面板中的"日期"按钮，弹出"插入日期"对话框，设置如图 5-59 所示。单击"确定"按钮，即可在光标所在位置插入当前系统日期，如图 5-60 所示。

5.4　插入列表

列表是网页中常见的一种表现形式，特别是文字列表在网页中非常常见，通过 CSS 样式对列表进行设置，能够表现出清新、大方的效果。

5.4.1 插入无序列表

无序列表又称项目列表，就是列表结构中的列表项没有先后顺序的列表形式。许多网页中的列表都采用无序列表的形式，其列表标签使用 <ul> 与 </ul>。

单击"插入"面板中的"无序列表"按钮，如图 5-61 所示，即可在光标位置插入无序列表，显示默认的无序列表符号，可以直接输入列表项内容，如图 5-62 所示。

完成列表项内容输入后，按 Enter 键即可插入第二个列表项，如图 5-63 所示。转换到网页 HTML 代码中，可以看到无序列表的 HTML 代码，如图 5-64 所示。

图 5-61 单击"无序列表"按钮　图 5-62 插入无序列表　图 5-63 插入第二个　图 5-64 项目列表
　　　　　　　　　　　　　　　　　　　　　　　　　　　　　　　列表项　　　　HTML 代码

在 HTML 代码中，使用成对的 <ul></ul> 标签可以插入无序列表，但 <ul> 和 </ul> 之间必须使用成对的 <li></li> 标签添加列表项。

5.4.2 【课堂任务】：制作新闻列表

素材文件： 源文件 \ 第 5 章 \5-4-2.html　　**案例文件：** 最终文件 \ 第 5 章 \5-4-2.html
案例要点： 掌握在网页中插入并设置无序列表的方法

Step 01 执行"文件 > 打开"命令，打开页面"源文件 \ 第 5 章 \5-4-2.html"，效果如图 5-65 所示。将鼠标光标移至页面中名为 news 的 Div 中，将多余文字删除，单击"插入"面板中的"无序列表"按钮，如图 5-66 所示。

图 5-65 页面效果　　　　　　　　　　图 5-66 单击"无序列表"按钮

Step 02 在名为 news 的 Div 中插入一个无序列表，输入列表项文字内容，如图 5-67 所示。切换到代码视图中，可以看到项目列表的相关代码，如图 5-68 所示。

图 5-67 输入列表项内容

图 5-68 项目列表代码

Step03 添加其他列表项并分别输入列表项文字内容，如图 5-69 所示。切换到该网页所链接的外部 CSS 样式表文件中，创建名为 #news ul 和名为 #news li 的 CSS 样式，如图 5-70 所示。

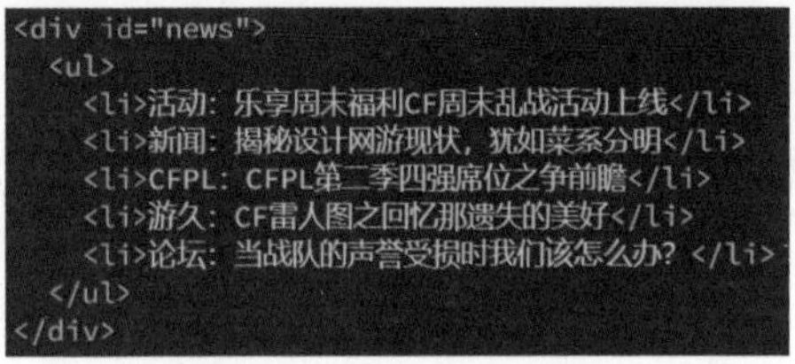

图 5-69 输入其他列表项

图 5-70 CSS 样式代码

Step04 返回页面设计视图中，可以看到新闻列表的效果，如图 5-71 所示。保存页面，并且保存外部 CSS 样式文件，在浏览器中预览页面，效果如图 5-72 所示。

图 5-71 页面设计视图效果

图 5-72 预览无序列表效果

5.4.3 插入有序列表

有序列表又称编号列表，就是列表结构中的列表项有先后顺序的列表形式，从上到下可以有各种不同的序列编号，如 1、2、3 或 a、b、c 等。

单击"插入"面板中的"有序列表"按钮，如图 5-73 所示，即可在光标位置插入有序列表，显示默认的有序列表，可以直接输入列表项内容，如图 5-74 所示。

完成列表项内容输入后，按 Enter 键即可插入第二个编号列表项，如图 5-75 所示。转换到网页 HTML 代码中，可以看到有序列表的 HTML 代码，如图 5-76 所示。

图 5-73 单击"有序列表"按钮　图 5-74 插入有序列表　图 5-75 插入第二个　图 5-76 项目列表
　　　　　　　　　　　　　　　　　　　　　　　　　　　　　列表项　　　　　HTML 代码

在 HTML 代码中，使用成对的 <ol></ol> 标签可以插入有序列表，但 <ol> 与 </ol> 之间必须使用成对的 <li></li> 标签添加列表项。

5.4.4 【课堂任务】：制作排行列表

素材文件：源文件 \ 第 5 章 \5-4-4.html　　　　　案例文件：最终文件 \ 第 5 章 \5-4-4.html
案例要点：掌握在网页中插入并设置编号列表的方法

Step 01 执行"文件 > 打开"命令，打开页面"源文件 \ 第 5 章 \5-4-4.html"，效果如图 5-77 所示。将鼠标光标移至页面中名为 news 的 Div 中，将多余文字删除，单击"插入"面板中的"有序列表"按钮，如图 5-78 所示。

图 5-77 页面效果　　　　　　　　　　　　图 5-78 单击"有序列表"按钮

Step 02 在名为 box 的 Div 中插入一个编号列表，输入列表项文字内容，如图 5-79 所示。切换到代码视图中，可以看到编号列表的相关代码，如图 5-80 所示。

图 5-79 插入编号列表　　　　　　　　　　图 5-80 编号列表 HTML 代码

Step 03 添加其他列表项并分别输入列表项文字内容，如图 5-81 所示。切换到该网页所链接的外部 CSS 样式表文件中，创建名为 #box li 的 CSS 样式，如图 5-82 所示。

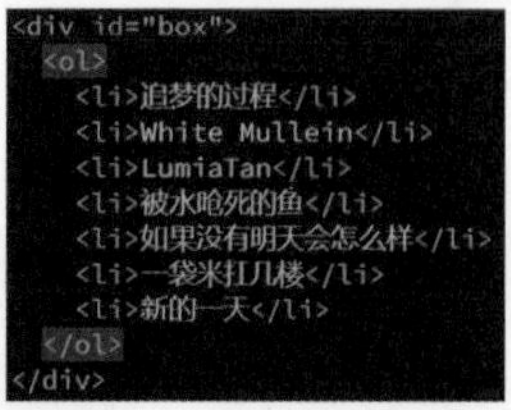

图 5-81　添加其他列表项内容

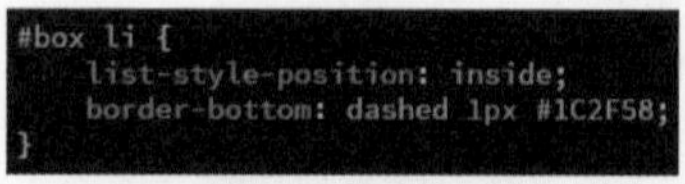

图 5-82　CSS 样式代码

Step 04 返回页面设计视图中，可以看到编号列表的效果，如图 5-83 所示。保存页面，并且保存外部 CSS 样式文件，在浏览器中预览页面，效果如图 5-84 所示。

图 5-83　编号列表效果

图 5-84　预览页面效果

5.4.5　设置列表属性

在设计视图中选中已有列表的其中一项，执行"编辑 > 列表 > 属性"命令，弹出"列表属性"对话框，如图 5-85 所示，在该对话框中可以对列表进行更深入的设置。

在"列表类型"下拉列表框中提供了"项目列表""编号列表""目录列表"和"菜单列表"4 个选项，可以改变选中列表的列表类型。如果选择"项目列表"选项，则列表类型被转换成无序列表。此时"列表属性"对话框上除"列表类型"下拉列表框外，只有"样式"下拉列表框和"新建样式"下拉列表框可用，如图 5-86 所示。

图 5-85　"列表属性"对话框

图 5-86　设置"列表类型"为"项目列表"

在"样式"下拉列表框中可以选择列表的样式。如果选择"项目列表"选项，则"样式"下拉列表框中共有 3 个选项，分别为"默认""项目符号"和"正方形"。

如果在"列表类型"下拉列表框中选择"编号列表"选项，则"样式"下拉列表框有 6 个选项，分别为"默认""数字""小写罗马字母""大写罗马字母""小写字母"和"大写字母"，如图 5-87 所示，这是用来设置编号列表中每行开头的编号符号。图 5-88 所示为以大写罗马字母作为编号符号的有序列表。

图 5-87　编号列表的"样式"列表选项

图 5-88　以大写罗马字母作为编号列表符号

如果在"列表类型"下拉列表框中选择"编号列表"选项，可以在"开始记数"文本框中输入一个数字，指定编号列表从几开始。图 5-89 所示为设置"开始计数"选项后编号列表的效果。

提示

在 Dreamweaver 的设计视图中，虽然可以通过"列表属性"对话框来设置项目列表和编号列表的列表符号效果，但是只能设置默认的列表符号效果，我们依然推荐使用 CSS 样式对列表的属性进行设置，CSS 样式能够实现更加丰富的列表表现效果。

图 5-89　设置"开始记数"的编号列表效果

5.5　【课堂任务】：在网页中实现滚动文本效果

素材文件：源文件 \ 第 5 章 \5-5.html　　案例文件：最终文件 \ 第 5 章 \5-5.html
案例要点：理解并掌握滚动文本标签和属性的设置方法

Step 01 执行"文件 > 打开"命令，打开页面"源文件 \ 第 5 章 \5-5.html"，效果如图 5-90 所示。将鼠标光标移至页面中名为 text 的 D iv 中，输入相应的文字内容，如图 5-91 所示。

Step 02 切换到代码视图中，添加滚动文本标签 <marquee>，将需要滚动显示的文本内容放在 <marquee> 与 </marquee> 标签之间，如图 5-92 所示。返回设计视图中，切换"视图模式"为"实时视图"，在页面中可以看到文字已经实现了左右滚动的效果，如图 5-93 所示。

图 5-90　页面效果

图 5-91　输入文字内容

图 5-92　添加文本滚动标签

图 5-93　实时视图效果

> **提示**
>
> 　　文字的滚动效果是用 <marquee> 标签实现的，默认是从右到左循环滚动，其语法格式如下：<marquee align=" 对齐方式 " bgcolor=" 背景颜色 " direction=" 文本滚动方向 " behavior=" 文本滚动方式 " width=" 宽度 " height=" 高度 " scrollamount=" 滚动速度 " scrolldelay=" 滚动时间间隔 "> 滚动的内容 </marquee>。

　　Step 03 转换到代码视图中，在 <marquee> 标签中添加属性设置，控制文本的滚动方向，如图 5-94 所示。切换到"实时视图"中，在页面中可以看到文字已经实现了上下滚动的效果，如图 5-95 所示。

图 5-94　添加滚动方向属性设置代码

图 5-95　实现文字向上滚动

　　Step 04 在预览中可以发现文字滚动已经超出了边框的范围，并且文字滚动的速度也比较快，转换到代码视图中，继续在 <marquee> 标签中添加属性设置，如图 5-96 所示。切换到"实时视图"中，在页面中可以看到文字滚动的效果，如图 5-97 所示。

图 5-96　添加属性设置代码

图 5-97　预览滚动文本效果

Step 05 为了使浏览者能够清楚地看到滚动的文字，还需要实现当鼠标光标指向滚动字幕后，字幕滚动停止，当鼠标光标离开字幕后，字幕继续滚动的效果。转换到代码视图中，在 <marquee> 标签中添加属性设置，如图 5-98 所示。保存页面，在浏览器中预览页面，可以看到所实现的文本滚动效果，如图 5-99 所示。

图 5-98　添加属性设置代码

图 5-99　预览滚动文本效果

提示

在滚动文本的标签属性中，direction 属性是指滚动的方向，属性值为 up 表示向上滚动，属性值为 down 表示向下滚动，属性值为 left 表示向左滚动，属性值为 right 表示向右滚动；scrollamount 属性是指滚动的速度，数值越小滚动越慢；scrolldelay 属性是指滚动速度延时，数值越大速度越慢；height 属性是指滚动文本区域的高度；width 是指滚动文本区域的宽度；onMouseOver 属性是指当鼠标移动到区域上时所执行的操作；onMouseOut 属性是指当鼠标移开区域上时所执行的操作。

5.6　本章小结

文本作为网页的基石之一，其处理与设置技巧对于打造卓越的网页体验至关重要。通过本章的学习，读者将能够精通如何精心雕琢网页中的文本内容，不仅掌握其处理与设置的精髓，更能熟练运用 CSS 样式，为文本赋予丰富多样的表现效果。掌握此技能后，读者能够制作出令人惊艳的网页文本效果，为访问者带来视觉与内容的双重享受。

5.7　课后练习

完成对本章内容的学习后，接下来通过课后练习，检测读者对本章内容的学习效果，同时加深读者对所学知识的理解。

一、选择题

1. 以下哪项是换行符标签？（　　　）。

　　A. <font>　　　　　　B. <p>　　　　　　C.
　　　　　　D. <b>

2. 单击"插入"面板中的"不换行空格"按钮，可以在网页中插入一个空格，空格的 HTML 代码是（　　　）。

　　A. 　　　　　　B.
　　　　　　C. &　　　　　　D. ©

3. 无序列表的标签是（　　　）。

　　A. <li>　　　　　　B. <ul>　　　　　　C. <ol>　　　　　　D. <dl>

4. 有序列表的标签是（　　）。

  A. <li>   B. <ul>   C. <ol>   D. <dl>

5. 水平线的标签是（　　）。

  A.
        B. <ol>   C. <ul>   D. <hr>

二、填空题

1. 可以在网页 HTML 代码的 <head> 与 </head> 标签之间的_____标签中设置网页标题。

2. 在网页中输入文字内容，在需要分段的位置按键盘上的_____键，即可自动将文本分段，在 HTML 代码中会自动为文本添加段落标签_____。

3. 在文本输入过程中按快捷键_____，即可在光标所在位置插入换行符并转换到下一行。

4. _____就是列表结构中的列表项有先后顺序的列表形式，在 HTML 代码中使用成对的_____标签表示。

5. 文字的滚动效果是用_____标签实现的，默认是从右到左循环滚动，可以在标签中添加属性设置，从而控制滚动的方向、速度等效果。

三、简答题

简单描述 HTML 页面中 head 部分和 body 部分的作用分别是什么。

第6章
插入图像和多媒体元素

　　网页的构成可谓丰富多样，绝非仅限于文本的编排。网页还囊括图像、Flash 动画、声音及视频等多元化的媒体内容。这些元素的巧妙运用，为网页赋予了丰富的层次感和生动感，让每一页都焕发着别样的魅力。本章将介绍如何在网页中插入图像和 Flash 动画、声音、视频等多媒体元素。

学习目标

1. 知识目标
- 理解图像设置属性。
- 了解 Canvas 元素。
- 理解使用 Canvas 元素实现绘图的流程。
- 了解插件的使用。
- 理解 HTML5 Audio 元素和支持的音频格式。
- 理解 HTML5 Video 元素和支持的视频格式。

2. 能力目标
- 能够制作出图像网页。
- 能够使用鼠标经过图像制作出图像交互效果。
- 能够使用 Canvas 元素在网页中绘制图形。
- 能够在网页中插入 Flash 动画。
- 能够使用 HTML5 Audio 在网页中插入音频。
- 能够使用 HTML5 Video 在网页中插入视频。

3. 素质目标
- 通过社会实践、职业实践等方式，培养实际操作能力和解决问题的能力。
- 具备团队协作意识，能够积极参与团队活动，为团队目标贡献力量。

6.1 插入图像元素

　　如今，互联网上的网页之所以呈现出绚丽多彩的视觉效果，很大程度上归功于图像元素的巧妙运用。过去的网页多数以纯文本形式呈现，略显单调。然而，随着设计理念的演进和技术的更新，图像在网页设计中占据了举足轻重的地位，为网页注入了无限生机与活力。在 HTML 中，可以通过特定的标签来轻松插入图像，并借助属性来精确控制图像的显示方式。

6.1.1 【课堂任务】：制作图像欢迎网页

素材文件：源文件 \ 第 6 章 \6-1-1.html　　案例文件：最终文件 \ 第 6 章 \6-1-1.html
案例要点：掌握在网页中插入图像的方法

Step01 执行"文件 > 打开"命令，打开页面"源文件 \ 第 6 章 \6-1-1.html"，效果如图 6-1
所示。将鼠标光标移至页面中名为 box 的 Div 中，将多余的文本删除，单击"插入"面板中
的 Image 按钮，如图 6-2 所示。

图 6-1　打开页面　　　　　　　　　　　图 6-2　单击 Image 按钮

Step02 弹出"选择图像源文件"对话框，选择图像"源文件 \ 第 6 章 \images\61102.jpg"，
如图 6-3 所示。单击"确定"按钮，在网页中鼠标光标所在位置插入图像，效果如图 6-4 所示。

图 6-3　选择需要插入的图像　　　　　　图 6-4　完成图像插入

提示

在网页中插入图像时，如果所选择的图像不在本地站点的目录下，就会弹出提示对话
框，提示用户复制图像文件到本地站点的目录中，单击"是"按钮后，弹出"拷贝文件为"对
话框，让用户选择图像文件的存放位置，可选择根目录或根目录下的任何文件夹。

转换到代码视图中，可以看到插入图片的 HTML 代码，如图 6-5 所示。执行"文件 > 保
存"命令，保存页面，在浏览器中预览页面效果，效果如图 6-6 所示。

图 6-5　插入图像的 HTML 代码　　　　　　　图 6-6　在浏览器中预览页面效果

6.1.2　设置图像属性

如果需要对图像的属性进行设置，首先在 Dreamweaver 设计视图中选择需要设置属性的图像，执行"窗口 > 属性"命令，打开"属性"面板，在该面板中可以对所选中图像的属性进行设置，如图 6-7 所示。

图 6-7　在"属性"面板中对图像属性进行设置

> **提示**
>
> Dreamweaver CC 不再推荐使用"属性"面板对网页元素的属性进行设置，因为使用"属性"面板进行设置有很大的局限性，并且不能帮助用户对 HTML 代码进行熟悉，所以，推荐使用 CSS 样式对元素的属性进行设置，或者在 HTML 代码中对元素的属性进行设置。

向网页中插入图像，可以通过在 HTML 中使用 <img> 标签来实现，从而达到美化网页的效果。<img> 标签的基本语法如下：

```
<img src="图像文件的地址" height="图像的高度" width="图像的宽度" border="图像边框的宽度" alt="提示文字的内容">
```

<img> 标签可以设置多个属性，常用属性说明如表 6-1 所示。

表 6-1　<img> 标签常用属性说明

属　　性	说　　明
src	该属性用来设置图像文件的路径，可以是相对路径，也可以是绝对路径
width	该属性用于设置图像的宽度
height	该属性用于设置图像的高度
border	该属性用于设置图像的边框，border 属性的单位是像素，值越大边框越宽
alt	该属性指定了替代文本，用于在图像无法显示或者用户禁用图像显示时，代替图像显示在浏览器中的内容

6.1.3　鼠标光标经过图像

鼠标光标经过图像是一种在浏览器中查看并且鼠标光标经过它时发生变化的图像。鼠标光标经过图像实际上由两个图像组成：主图像（当首次载入页面时显示的图像）和次图像（当鼠标指针经过主图像时显示的图像）。这两个图像大小应该相等。如果这两个图像大小不同，Dreamweaver 将自动调整次图像的大小匹配主图像的属性。

将光标移至页面中需要插入鼠标光标经过图像的位置，单击"插入"面板中的"插入鼠标经过图像"按钮，如图 6-8 所示，弹出"插入鼠标经过图像"对话框，如图 6-9 所示。在该对话框中对相关选项进行设置，单击"确定"按钮，即可在光标所在位置插入鼠标光标经过图像。

图 6-8　单击"鼠标经过图像"按钮　　　　图 6-9　"插入鼠标经过图像"对话框

"原始图像"选项用于设置页面默认显示的图像；"鼠标经过图像"选项用于设置当鼠标光标经过时所显示的图像；选中"预载鼠标经过图像"复选框，则当页面载入时，将同时加载鼠标光标经过图像文件，以便于当移动该鼠标光标经过图像上时，快速显示鼠标光标经过时的图像。

6.1.4　【课堂任务】：制作网站导航菜单

素材文件：源文件 \ 第 6 章 \6-1-4.html　　案例文件：最终文件 \ 第 6 章 \6-1-4.html
案例要点：掌握在网页中插入鼠标经过图像的方法

Step 01 执行"文件 > 打开"命令，打开页面"源文件 \ 第 6 章 \6-1-4.html"，效果如图 6-10 所示。光标移至页面中名为 menu 的 Div 中，将多余的文本删除，单击"插入"面板中的"鼠标经过图像"按钮，如图 6-11 所示。

图 6-10　打开页面　　　　图 6-11　单击"鼠标经过图像"按钮

Step 02 弹出"插入鼠标经过图像"对话框，设置如图 6-12 所示。单击"确定"按钮，在页面中插入鼠标光标经过图像，效果如图 6-13 所示。

图 6-12　"插入鼠标经过图像"对话框

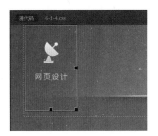

图 6-13　插入鼠标经过图像

Step 03 光标移至刚插入的鼠标光标经过图像之后，使用相同的方法，可以在页面中插入其他的鼠标光标经过图像，效果如图 6-14 所示。保存页面，在浏览器中预览页面效果，当鼠标光标移至设置的鼠标光标经过图像上时，效果如图 6-15 所示。

图 6-14　插入其他鼠标经过图像

图 6-15　预览鼠标经过图像效果

> **提示**
>
> "鼠标经过图像"功能通常被应用在链接的按钮上，通过按钮外观的变化使页面看起来更加生动，并且提示浏览者单击该按钮可以链接到另一个网页。

6.2　插入 Canvas 元素

在 HTML5 中新增了 <canvas> 标签，通过该标签可以在网页中绘制出各种几何图形，它是基于 HTML5 的原生绘图功能。使用 <canvas> 标签与 JavaScript 脚本代码相结合，寥寥数行代码就可以轻松绘制出相应的图形。

6.2.1　Canvas 元素概述

Canvas 元素是为了客户端矢量图形而设计的。它虽然没有行为，但能把一个绘图 API 展现给客户端 JavaScript，从而使脚本能够把想绘制的东西都绘制到一块画布上。Canvas 的概念最初是由苹果公司提出的，随后在 Safari 1.3 浏览器中惊艳亮相。不久之后，Firefox 与 Opera 两大浏览器巨头也纷纷跟进，开始对 <canvas> 标签的绘图功能提供全面支持。时至今日，就连 IE 浏览器在 IE 9 及以上版本中也支持这一创新技术。Canvas 元素的标准化工作，由一群 Web 浏览器厂商的智囊团非正式地携手推进，如今，<canvas> 标签已正式跻身 HTML5 草案之中，成为 Web 开发领域不可或缺的一员。

<canvas> 标签配备了一套基于 JavaScript 的绘图 API，它使开发者能够以编程的方式直接在画布上挥洒创意。相比之下，SVG（可缩放矢量图形）和 VML（矢量标记语言）则依赖于 XML 文档来描述图形的构成，通过结构化的数据来描述图形的各个部分。尽管 Canvas 与 SVG、VML 在实现方式上存在显著差异，但它们之间却具备相互模拟的能力，这意味着开发者可以在特定情况下选择最适合自己需求的绘图技术。

<canvas> 标签的一大优势在于其出色的性能。由于它不存储复杂的文档对象，而是直接通过 JavaScript 进行绘制，因此，在渲染速度和资源消耗上通常更为出色。然而，这种直接绘制的方式也带来了一定的挑战。当需要移除画布中的某个图形元素时，往往不能简单地像操作 DOM 元素那样进行删除，而是需要擦除整个画布并重新绘制剩余的图形，以实现视觉上的更新。这种特性使得 Canvas 在动态、复杂且需要高性能渲染的场景中尤为适用。

6.2.2　插入 Canvas 元素

在网页中插入 Canvas 元素，像插入其他网页对象一样简单，将光标置于网页中需要插入画布的位置，单击"插入"面板中的 Canvas 按钮，如图 6-16 所示，即可在网页中光标所在位置插入 Canvas 元素，在设计视图中以图标的形式显示，如图 6-17 所示。转换到代码视图中，可以看到 Canvas 元素的 HTML 代码，如图 6-18 所示。

图 6-16　单击 Canvas 按钮　　图 6-17　Canvas　　图 6-18　Canvas 元素的 HTML 代码
　　　　　　　　　　　　　　　元素图标

<canvas> 标签是一个新概念，很多旧的浏览器都不支持。为了增加用户体验，可以提供替代文字，放在 <canvas> 标签中，例如：

```
<canvas>你的浏览器不支持该功能！</canvas>
```

当浏览器不支持 <canvas> 标签时，标签中的文字就会显示出来。与其他 HTML 标签一样，<canvas> 标签有一些共同的属性。

```
<canvas id="canvas" width="300" height="200">你的浏览器不支持该功能！</canvas>
```

其中，id 属性决定了 <canvas> 标签的唯一性，方便查找。width 和 height 属性分别决定了 canvas 元素的宽和高，其数值代表 <canvas> 标签内包含多少像素。

<canvas> 标签可以像其他标签一样应用 CSS 样式表。HTML5 中的 <canvas> 标签本身并不能绘制图形，必须与 JavaScript 脚本结合使用，才能在网页中绘制出图形。

6.2.3　使用 JavaScript 实现在画布中绘图的流程

<canvas> 标签本身是没有绘图能力的，所有的绘制工作必须在 JavaScript 内部完成。<canvas> 标签提供了一套绘图 API，使用 <canvas> 标签绘图的流程如下：首先，获取页面中

的 canvas 元素的对象；然后，获取一个绘图上下文；最后，就可以使用绘图 API 中丰富的功能了。

1. 获取 canvas 对象

在绘图之前，首先需要从页面中获取 canvas 对象。通常使用 document 对象的 getElementByld() 方法获取。例如，以下代码将获取页面中 id 名称为 canvas1 的 canvas 对象。

```
var canvas=document. getElementByld("canvas1");
```

开发者还可以通过标签名称来获取对象的 getElementByTagName 方法。

2. 创建二维的绘图上下文对象

canvas 对象包含不同类型的绘图 API，需要使用 getContext() 方法来获取接下来要使用的绘图上下文对象，代码如下：

```
var context=canvas. getContext("2d");
```

getContext 对象是内建的 HTML5 对象，拥有多种绘制路径、矩形、圆形、字符及添加图像的方法。参数为 2d，说明接下来将绘制的是一个二维图形。

3. 在 Canvas 上绘制图形或文字

绘制文字并设置绘制文字的字体样式、颜色和对齐方式，代码如下：

```
//设置字体样式、颜色及对齐方式
context.font="98px 黑体";
context.fillStyle="#036" ;
context.textAlign="center";
//绘制文字
context.fillText("中",100,120,200);
```

font 属性用于设置字体样式。fillStyle 属性用于设置字体颜色。textAlign 属性用于设置对齐方式。fillText() 方法用填充的方式在 Canvas 上绘制了文字。

6.2.4　【课堂任务】：在网页中绘制圆形图像

素材文件：源文件 \ 第 6 章 \6-2-4.html　　案例文件：最终文件 \ 第 6 章 \6-2-4.html
案例要点：掌握在网页中插入 Canvas 元素并设置属性的方法

Step 01 执行 "文件 > 打开" 命令，打开页面 "源文件 \ 第 6 章 \6-2-4.html"，如图 6-19 所示。单击 "插入" 面板中的 Canvas 按钮，如图 6-20 所示。

图 6-19　打开页面

图 6-20　单击 Canvas 按钮

Step 02 在设计视图中插入两个 Canvas 元素，如图 6-21 所示。转换到网页 HTML 代码中，对刚插入的两个 Canvas 元素的属性进行设置，如图 6-22 所示。

图 6-21　插入两个 Canvas 元素

```
<body>
<canvas id="canvas" width="600" height="500"></canvas>
<canvas id="canvas2" width="700" height="600"></canvas>
</body>
```

图 6-22　在 <canvas> 标签中添加属性设置

Step 03 转换到该网页所链接的外部 CSS 样式表文件中，分别创建名为 #canvas 和 #canvas2 的 CSS 样式，如图 6-23 所示。返回网页设计视图中，可以看到通过 CSS 样式的设置，使两个 Canvas 元素相互叠加显示，如图 6-24 所示。

```
#canvas {
    position: absolute;
    top: 100px;
    left: 50%;
    margin-left: -300px;
    z-index: 2;
}
#canvas2 {
    position: absolute;
    top: 50px;
    left: 50%;
    margin-left: -350px;
    z-index: 1;
}
```

图 6-23　CSS 样式代码

图 6-24　设计视图中的 Canvas 元素效果

Step 04 转换到网页 HTML 代码中，在页面中添加绘制圆形的 JavaScript 脚本代码，如图 6-25 所示。保存页面，在浏览器中预览页面，可以看到绘制的圆形效果，如图 6-26 所示。

```
<body>
<canvas id="canvas" width="600" height="500"></canvas>
<canvas id="canvas2" width="700" height="600"></canvas>
<script type="text/javascript">
    var canvas=document.getElementById("canvas2");
    var context=canvas.getContext("2d");
    context.arc(300,200,160,0,Math.PI*2,true);
    context.fillStyle="#fff";
    context.fill();
</script>
</body>
```

图 6-25　添加绘制圆形的 JavaScript 代码

图 6-26　在页面中绘制圆形

提示

在 JavaScript 脚本中，getContext 是内置的 HTML5 对象，拥有多种绘制路径、矩形、圆形、字符及添加图像的方法，fillStyle 方法用于控制绘制图形的填充颜色，strokeStyle 用于控制绘制图形边的颜色。

Step 05 转换到网页 HTML 代码中，在页面中添加在画布中裁切图像的 JavaScript 脚本代码，如图 6-27 所示。保存页面，在浏览器中预览页面，可以看到实现的裁剪图像的效果，如图 6-28 所示。

图 6-27 添加裁切图像的 JavaScript 代码　　　图 6-28 预览圆形图像的效果

提示

在绘制图片之前，首先使用 ArcClip(context) 方法设置一个圆形裁剪区域；然后设置一个圆形的绘图路径；最后，调用 clip() 方法，即完成了区域的裁剪。

6.3 插入动画元素

Flash 是前几年在网页中广泛应用的一种动画形式。Flash 动画既可以增强网页的动态画面感，又能实现交互的功能，但是在网页中播放 Flash 动画需要浏览器插件的支持。随着 HTML5 的发展，Flash 动画在网页中的应用越来越少，取而代之是 HTML5 制作的动画合成，这种形式的动画并不需要插件的支持，拥有良好的兼容性。

6.3.1 【课堂任务】：制作 Flash 动画页面

素材文件：源文件 \ 第 6 章 \6-3-1.html　　　案例文件：最终文件 \ 第 6 章 \6-3-1.html
案例要点：掌握在网页中插入 Flash 动画的方法

Step01 打开需要插入到网页中的 Flash 动画，可以看到该 Flash 动画的效果，如图 6-29 所示。执行"文件 > 打开"命令，打开页面"源文件 \ 第 6 章 \6-3-1.html"，效果如图 6-30 所示。

图 6-29 Flash 动画效果

图 6-30 页面效果

Step02 将鼠标光标移至名为 flash 的 Div 中，将多余的文字删除，单击"插入"面板中的 Flash SWF 按钮，如图 6-31 所示，弹出"选择 SWF"对话框，选择"源文件 \ 第 6 章 \images\home.swf"，如图 6-32 所示。

图 6-31 单击 Flash SWF 按钮

图 6-32 选择需要插入的 Flash SWF 文件

Step03 单击"确定"按钮，弹出"对象标签辅助功能属性"对话框，如图 **6-33** 所示。单击"确定"按钮，即可将 Flash 动画插入到页面中，如图 **6-34** 所示。

图 6-33 "对象标签辅助功能属性"对话框

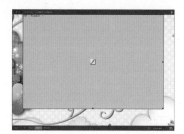

图 6-34 插入 Flash SWF 文件

提示

"对象标签辅助功能属性"对话框用于设置媒体对象辅助功能选项，屏幕阅读器会朗读该对象的标题，通常可以不进行设置。

Step04 转换到网页 HTML 代码中，可以看到插入 Flash SWF 文件的 HTML 代码，如图 **6-35** 所示。保存页面，在浏览器中预览页面，可以看到网页中插入的 Flash 动画的效果，但是该 Flash 动画会显示其默认的白色背景颜色，如图 **6-36** 所示。

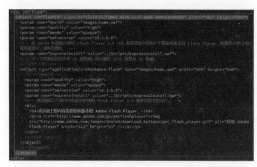

图 6-35 插入 Flash SWF 文件的 HTML 代码

图 6-36 预览网页中的 Flash 动画效果

技巧

如果希望插入到网页中的 Flash 动画背景颜色透明，可以在 Dreamweaver 中设置该 Flash SWF 文件的 Wmode 属性为"透明"。

Step 05 返回设计视图中，选中刚插入的 Flash SWF 文件，打开"属性"面板，设置 Wmode 属性为"透明"，如图 6-37 所示。保存页面，在浏览器中预览页面，可以看到网页中插入的 Flash 动画效果，如图 6-38 所示。

图 6-37　设置 Wmode 属性

图 6-38　预览网页中的 Flash 动画效果

6.3.2　设置 Flash SWF 属性

选择插入的 Flash SWF 文件，执行"窗口 > 属性"命令，打开"属性"面板，在该面板中可以对 Flash SWF 文件的相关属性进行设置，如图 6-39 所示。

图 6-39　Flash SWF 文件的"属性"面板

Flash SWF 文件的大多数属性都非常简单，可以自己尝试进行设置，这里不再做过多介绍。

6.3.3　插入 Flash Video

将鼠标光标置于页面中需要插入 Flash Video 的位置，单击"插入"面板中的 Flash Video 按钮，如图 6-40 所示。弹出"插入 FLV"对话框，如图 6-41 所示。在该对话框中可以浏览到需要插入的 Flash Video 文件，并且可以对相关选项进行设置，设置完成后，单击"确定"按钮，即可在页面中光标所在位置插入 Flash Video 文件。

图 6-40　单击 Flash Video 按钮

图 6-41　"插入 FLV"对话框

提示

　　由于大多数新版的浏览器不再支持 Flash 和 Flash Video，所以，Flash 动画和 Flash Video 在网页中的应用已经很少见，读者只需要了解如何进行操作即可。

6.3.4　了解动画合成

　　随着 HTML5 的发展和推广，HTML5 在网页中的应用越来越多，在网页中通过使用 HTML5 可以实现许多特效。Adobe 顺应网页发展的趋势，推出了 HTML5 可视化开发软件 Adobe Edge Animate，通过使用该软件，不需要编写烦琐的代码即可开发出 HTML5 动态网页。

　　Dreamweaver 为了适应 HTML5 的发展趋势，在"插入"面板中新增了"动画合成"按钮，通过使用该功能可以轻松地将使用 Adobe Edge Animate 软件开发的 HTML5 应用插入到网页中。

6.3.5　【课堂任务】：制作网页焦点轮换图效果

素材文件：源文件 \ 第 6 章 \6-3-5.html　　　案例文件：最终文件 \ 第 6 章 \6-3-5.html
案例要点：掌握在网页中插入动画合成的方法

Step01 执行"文件 > 打开"命令，打开页面"源文件 \ 第 6 章 \6-3-5.html"，效果如图 6-42 所示。将鼠标光标移至名为 box 的 Div 中，将多余的文字删除，单击"插入"面板中的"动画合成"按钮，如图 6-43 所示。

图 6-42　打开页面

图 6-43　单击"动画合成"按钮

Step02 弹出"选择动画合成"对话框，选择动画合成文件"源文件 \ 第 6 章 \images\banner. oam"，如图 6-44 所示。单击"确定"按钮，即可在网页中插入动画合成，如图 6-45 所示。

图 6-44　选择需要插入的动画合成文件

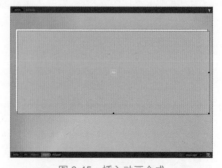

图 6-45　插入动画合成

Step03 单击刚插入的 Edge Animate 作品，打开"属性"面板，设置其"宽"和"高"属性，如图 6-46 所示。转换到代码视图中，可以看到相应的 HTML 代码，如图 6-47 所示。

　　　　图 6-46　"属性"面板　　　　　　　　　　图 6-47　动画合成的 HTML 代码

Step 04 在网页中插入 Edge Animate 作品后，在站点的根目录中将自动创建名为 edgeanimate_assets 的文件夹，并将插入的动画合成中的相关文件放置在该文件夹中，如图 6-48 所示。保存页面，在浏览器中预览该页面，可以看到在网页中插入的动画合成的效果，如图 6-49 所示。

　　　　图 6-48　动画合成的相关文件　　　　　　图 6-49　预览动画合成效果

> **提示**
>
> 　　在网页中插入的动画合成文件的扩展名必须是 .oam，该文件是 Edge Animate 软件发布的 Edge Animate 作品包。目前在 IE 11 以下版本浏览器还不支持网页中动画合成的显示，可以使用 IE 11 及以上版本浏览器或其他浏览器预览动画合成的效果。

6.4　插入插件

　　通过插入插件，可以在网页中嵌入多种多媒体元素，最常见的就是音频和视频，通过插件嵌入到网页中的音频和视频，在浏览器中预览时，会自动调整操作系统中默认的音频或视频播放器进行播放。

6.4.1　使用插件嵌入音频

　　如果需要在网页中使用插件嵌入音频，可以单击"插入"面板中的"插件"按钮，如图 6-50 所示。在弹出的对话框中选择需要嵌入的音频文件，单击"确定"按钮，即可在光标所在位置嵌入音频，嵌入的音频以插件图标的形式显示，如图 6-51 所示。转换到代码视图中，可以看到使用插件嵌入音频的 HTML 代码，如图 6-52 所示。

　　网页中嵌入音频可以在网页上显示播放器的外观，包括播放、暂停、停止、音量及声音文件的开始和结束等控制按钮。

图 6-50 单击"插件"按钮　图 6-51　插件图标　　图 6-52　使用插件嵌入音频的 HTML 代码

使用插件嵌入音频的基本语法如下：

```
<embed src="音频文件地址" width="宽度" height="高度" autostart="是否自动播放"
loop="是否循环播放"></embed>
```

<embed> 标签的相关属性说明如表 6-2 所示。

表 6-2　<embed> 标签的相关属性说明

属　　性	说　　明
width 和 height	默认情况下，在网页中嵌入的音频文件在网页中会显示系统中默认的音频播放器外观，通过 width 和 height 属性可以控制音频播放器外观的宽度和高度
autostart	autostart 属性用于设置视频文件是否自动播放，该属性的属性值有两个，一个是 true，表示自播放；另一个是 false，表示不自动播放
loop	loop 属性用于设置音频文件是否循环播放，该属性的属性值有两个，一个是 true，表示音频文件将无限次循环播放；另一个是 false，表示音频只播放一次

6.4.2　使用插件嵌入视频

使用插件在网页中嵌入视频的方法与嵌入音频的方法完全相同。在网页中嵌入视频可以在网页上显示播放器外观，包括播放、暂停、停止和音量等控制按钮。

使用 <embed> 标签在网页中嵌入视频的语法如下：

```
<embed src="视频文件地址" width="视频宽度" height="视频高度" autostart="是否
自动播放" loop="是否循环播放"></embed>
```

通过嵌入视频的语法可以看出，在网页中嵌入视频文件与在网页中嵌入音频的方法非常相似，都是使用 <embed> 标签，只不过是嵌入视频文件链接的是视频文件，而 width 和 height 属性分别设置的是视频播放器的宽度和高度。

6.4.3　【课堂任务】：使用插件在网页中嵌入视频

素材文件：源文件 \ 第 6 章 \6-4-3.html　　案例文件：最终文件 \ 第 6 章 \6-4-3.html
案例要点：掌握使用插件在网页中嵌入视频的方法

Step01 执行"文件 > 打开"命令，打开页面"源文件 \ 第 6 章 \6-4-3.html"，效果如图 6-53 所示。光标移至页面中名为 box 的 Div 中，将多余的文字删除，单击"插入"面板中的"插件"按钮，如图 6-54 所示。

Step02 弹出"选择文件"对话框，选择"源文件 \ 第 8 章 \images\movie.mp4"，如图 6-55 所示。单击"确定"按钮，插入后的视频文件并不会在设计视图中显示内容，而是显示插件的图标，如图 6-56 所示。

图 6-53 打开页面

图 6-54 单击"插件"按钮

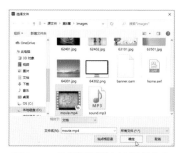

图 6-55 选择需要插入的视频文件

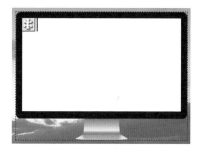

图 6-56 显示插件图标

Step03 转换到代码视图中，在嵌入视频的 HTML 代码中添加相应的属性设置代码，如图 6-57 所示。

```
<div id="box">
<embed src="images/movie.mp4" width="394" height="225" autostart="true"
loop="true"></embed>
</div>
```

图 6-57 添加属性设置代码

Step04 返回设计视图中，可以看到插件图标的显示效果，如图 6-58 所示。保存页面，在浏览器中预览页面，可以看到在网页中嵌入视频的效果，如图 6-59 所示。

图 6-58 插件显示效果

图 6-59 在浏览器中预览嵌入视频的效果

提示

使用 <embed> 标签在 HTML 页面中嵌入音频或视频，都是依赖系统音频和视频播放插件的支持，都会使用系统中默认的音频和视频播放器在网页中播放相应的音频和视频。例如，笔者操作系统中默认的音频和视频播放插件为 Windows Media Player，所以在预览页面时显示的是 Windows Media Player 的播放控件。如果读者的系统中默认的播放插件为其他的软件，则预览的效果会与本书中的截图的效果不同。

> **提示**
>
> 目前视频文件格式众多，并且不同的浏览器支持的视频文件不相同，而且使用 <embed> 标签在 HTML 页面中嵌入音频或视频具有很大的局限性，所以，目前不建议使用 <embed> 标签在网页中嵌入音频和视频，更推荐使用 HTML5 新增的 <audio> 和 <video> 标签在网页中嵌入音频或视频文件。

6.5　HTML5 Audio 元素

网络上有许多不同格式的音频文件，但 HTML 标签所支持的音乐格式并不是很多，并且不同的浏览器支持的格式也不相同。HTML5 针对这种情况，新增了 <audio> 标签来统一网页音频格式，可以直接使用该标签在网页中添加相应格式的音乐。

6.5.1　插入 HTML5 Audio 元素

在 HTML5 中新增了 <audio> 标签，通过该标签可以在网页中嵌入音频并播放。将光标置于网页中需要插入 HTML5 Audio 的位置，单击“插入”面板中的 HTML5 Audio 按钮，如图 6-60 所示，即可在光标所在位置插入 HTML5 音频，所插入的 HTML5 音频以图标的形式显示，如图 6-61 所示。转换到代码视图中，可以看到 HTML5 音频的 HTML 代码，如图 6-62 所示。

图 6-60　单击 HTML5 Audio 按钮　　图 6-61　HTML5 Audio 图标　　图 6-62　Audio 元素 HTML 代码

在网页中使用 HTML5 中的 <audio> 标签嵌入音频时，只需要指定 <audio> 标签中的 src 属性值为一个音频源文件的路径就可以了，代码如下：

```
<audio src="images/music.mp3">
    你的浏览器不支持audio元素
</audio>
```

通过这种方法可以将音频文件嵌入到网页中，如果浏览器不支持 HTML5 的 <audio> 标签，将会在网页中显示替代文字“你的浏览器不支持 audio 元素”。在 <audio> 标签中添加 controls 属性，表示在网页中显示默认的音频播放控制条。

6.5.2　HTML5 支持的音频文件格式

目前，HTML5 新增的 <audio> 标签所支持的音频格式主要有 MP3、Wav 和 Ogg，在各种主要浏览器中的支持情况如表 6-3 所示。

表 6-3　HTML5 音频在浏览器中的支持情况

格　　式	IE	Edge	Chrome	Firefox	Safari
Wav	×	×	√	√	√
MP3	√	√	√	√	√
Ogg	×	√	√	√	×

6.5.3　【课堂任务】：制作 HTML5 音频页面

素材文件：源文件 \ 第 6 章 \6-5-3.html　　案例文件：最终文件 \ 第 6 章 \6-5-3.html
案例要点：掌握在网页中插入 HTML5 Audio 元素

Step01 执行"文件 > 打开"命令，打开"源文件 \ 第 6 章 \6-5-3.html"，页面效果如图 6-63 所示。将鼠标光标移至页面中名为 music 的 Div 中，将多余的文字删除，单击"插入"面板中的 HTML5 Audio 按钮，如图 6-64 所示。

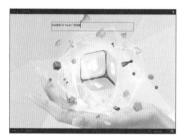

图 6-63　页面效果

图 6-64　单击 HTML5 Audio 按钮

Step02 在该 Div 中插入 HTML5 Audio，如图 6-65 所示。转换到代码视图，可以看到相应的 HTML 代码，如图 6-66 所示。

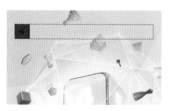

图 6-65　插入 HTML5 Audio 元素

图 6-66　Audio 元素代码

Step03 在 <audio> 标签中添加相应的属性设置代码，如图 6-67 所示。保存页面，在浏览器中预览页面，可以看到使用 HTML5 实现的音频播放效果，如图 6-68 所示。

图 6-67　添加属性设置代码

图 6-68　预览页面中的音频播放效果

技巧

在 <audio> 标签中加入 controls 属性设置，可以使嵌入到网页中的音频文件显示音频播放控制条，可以对音频的播放、停止及音量等进行控制。在 <audio> 标签中加入 loop 属性，可以使音频循环播放。如果希望在浏览器中打开页面时自动播放该音频，可以在 <audio> 标签中加入 autoplay 属性。

6.6 HTML5 Video 元素

视频标签的出现无疑是 HTML5 的一大亮点，但是旧的浏览器不支持 HTML5 Video，并且，涉及视频文件的格式问题，Firefox、Safari 和 Chrome 的支持方式并不相同，所以，在现阶段要想使用 HTML5 的视频功能，浏览器的兼容性是一个不得不考虑的问题。

6.6.1 插入 HTML5 Video 元素

将鼠标光标置于网页中需要插入 HTML5 Video 的位置，在"插入"面板的"媒体"选项卡中单击 HTML5 Video 按钮，如图 6-69 所示，即可在网页中光标所在位置插入 HTML5 视频，所插入的 HTML5 视频以图标的形式显示，如图 6-70 所示。转换到代码视图中，可以看到插入的 HTML5 视频的 HTML 代码，如图 6-71 所示。

图 6-69　单击 HTML5 Video 按钮　　图 6-70　HTML5 Video 图标　　图 6-71　Video 元素代码

在网页中可以使用 HTML5 新增的 Video 元素嵌入视频，其方法与 Audio 元素相似，还可以在 <video> 标签中添加 width 和 height 属性设置，从而控制视频的宽度和高度，代码如下：

```
<video src="images/movie.mp4" width="600" height="400" controls>
    你的浏览器不支持video元素
</video>
```

通过这种方法即可把视频添加到网页中，当浏览器不兼容时，将显示替代文字"你的浏览器不支持 video 元素"。

6.6.2 HTML5 支持的视频文件格式

目前，HTML5 新增的 <video> 标签支持的视频格式主要是 MPEG 4、WebM 和 Ogg，在各种主要浏览器中的支持情况如表 6-4 所示。

表 6-4　HTML5 视频在浏览器中的支持情况

格　　式	IE	Edge	Chrome	Firefox	Safari
MPEG 4	√	√	√	√	√
WebM	×	√	√	√	×
Ogg	×	√	√	√	×

6.6.3　Audio 与 Video 元素属性

<audio> 与 <video> 标签提供的元素标签属性基本相同，主要用于对插入到网页中的音频或视频进行控制。<audio> 与 <video> 标签的相关属性说明如表 6-5 所示。

表 6-5　<audio> 与 <video> 标签的相关属性说明

属　　性	说　　明
src	用于指定媒体文件的 Url 地址，可以是相对路径地址，也可以是绝对路径地址
autoplay	用于设置媒体文件加载后自动播放，该属性在标签中使用方法如下： <audio src="images/music.mp3" autoplay></video> 或 <video src="resources/video.mp4" autoplay></video>
controls	用于为视频和音频添加自带的播放控制条，控制条中包括播放 / 暂停、进度条、进度时间和音量控制等。该属性在标签中的使用方法如下： <audio src="images/music.mp3" controls></video> 或 <video src="images/video.mp4" controls></video>
loop	用于设置音频或视频循环播放。该属性在标签中的使用方法如下： <audio src="images/music.mp3" controls loop></video> 或 <video src="images/video.mp4" controls loop></video>
preload	表示页面加载完成后，如何加载视频数据。该属性有 3 个值：none 表示不进行预加载；metadata 表示只加载媒体文件的元数据；auto 表示加载全部视频或音频。默认值为 auto。用法如下： <audio src="images/music.mp3" controls preload="auto"></video> 或 <video src="images/video.mp4" controls preload="auto"></video> 如果在标签中设置了 autoplay 属性，则忽略 preload 属性
poster	该属性是 <video> 标签的属性，<audio> 标签没有该属性。该属性用于指定一幅替代图片的 Url 地址，当视频不可用时，会显示该替代图片。用法如下： <video src="images/video.mp4" controls poster="images/none.jpg"></video>
width 和 height	这两个属性是 <video> 标签的属性，<audio> 标签没有这两个属性。该属性用于设置视频的宽度和高度，单位是像素，使用方法如下： <video src="images/video.mp4" controls width="800" height="600"></video>

6.6.4　【课堂任务】：制作 HTML5 视频页面

素材文件：源文件 \ 第 6 章 \6-6-4.html　　**案例文件：**最终文件 \ 第 6 章 \6-6-4.html
案例要点：掌握在网页中插入 HTML5 Video 元素的方法

Step 01 执行"文件 > 打开"命令，打开页面"源文件 \ 第 6 章 \6-6-4.html"，页面效果如图 6-72 所示。将鼠标光标移至页面中名为 movie 的 Div 中，将多余的文字删除，单击"插入"面板中的 HTML5 Video 按钮，如图 6-73 所示。

Step 02 在该 Div 中插入 HTML5 Video，如图 6-74 所示。转换到代码视图，可以看到相应的 HTML 代码，如图 6-75 所示。

图 6-72　打开页面

图 6-73　单击 HTML5 Video 按钮

图 6-74　插入 HTML5 Video 元素

图 6-75　Video 元素代码

Step03 在 <video> 标签中添加相应的属性设置代码，如图 6-76 所示。保存页面，在浏览器中预览页面，可以看到使用 HTML5 实现的视频播放效果，如图 6-77 所示。

图 6-76　添加属性设置代码

图 6-77　预览嵌入视频播放效果

技巧

　　<video> 标签中的 controls 属性是一个布尔值，显示 play/stop 按钮；width 属性用于设置视频所需要的宽度，默认情况下，浏览器会自动检测所提供的视频尺寸；height 属性用于设置视频所需要的高度。

提示

　　不同浏览器对 HTML5 的 <video> 标签支持情况不同，IE 11 以下版本浏览器不支持 <video> 标签，IE 11 及以上版本浏览器支持 <video> 标签，但只支持 mp4 格式的视频文件。其他浏览器对视频格式的支持情况也不统一，但大多数支持 <video> 标签的浏览器都支持 mp4 格式的视频文件，使用该标签时一定要注意。

6.7　本章小结

　　网页中除了文字外，图像、动画、视频等多媒体元素同样扮演着举足轻重的角色。通过通过本章的学习，读者不仅能掌握在网页中插入图像、动画、音频视频的技巧，还能进一步熟悉如何为这些多媒体元素进行属性设置。这一全面的掌握将帮助读者打造出集视觉、听觉于一体的，极具吸引力的多媒体网页，为用户带来丰富而独特的浏览体验。

6.8　课后练习

完成本章内容的学习后，接下来通过课后练习，检测读者对本章内容的学习效果，同时加深读者对所学知识的理解。

一、选择题

1. 在网页中插入图像的 HTML 标签是（　　）。

　　A. \<object\>　　　　　　B. \<img\>　　　　　　C. \<embed\>　　　　　　D. \<figure\>

2. 以下 HTML 标签中，哪个可以实现网页中图像或文字的滚动？（　　）

　　A. \<scroll\>　　　　　　B. \<marquee\>　　　　　C. \<font\>　　　　　　D. \<textarea\>

3. 以下 HTML 标签中，哪个是 HTML5 中新增的在网页中插入音频文件的标签？（　　）

　　A. \<img\>　　　　　　B. \<embed\>　　　　　C. \<audio\>　　　　　D. \<video\>

4. 使用 HTML5 中的 \<video\> 标签在网页中插入视频文件，希望视频能够自动播放，以下代码正确的是（　　）。

　　A. \<video src="resources/video.mp4" autoplay\>\</video\>

　　B. \<video src="resources/video.mp4" controls\>\</video\>

　　C. \<video src="resources/video.mp4" loop\>\</video\>

　　D. \<video src="resources/video.mp4" preload="auto"\>\</video\>

5. 在 \<video\> 标签中加入（　　）属性，可以实现插入到网页中的视频循环播放。

　　A. controls　　　　　　B. autoplay　　　　　C. preload　　　　　D. loop

二、填空题

1. _____标签有一个基于 JavaScript 的绘图 API，而 SVG 和 VML 使用一个 XML 文档来描述绘图。

2. 如果希望插入到网页中的 Flash 动画背景颜色透明，可以在 Dreamweaver 中设置该 Flash SWF 文件的_____属性为_____。

3. 在 \<audio\> 或 \<video\> 标签中加入_____属性设置，可以使嵌入到网页中的音频或视频文件显示播放控制条，可以对音频或视频的播放、停止及音量等进行控制。

4. 在网页中插入的动画合成文件的扩展名必须是_____，该文件是 Edge Animate 软件发布的 Edge Animate 作品包。

5. _____属性是 \<video\> 标签的属性，用于指定一幅替代图片的 Url 地址，当视频不可用时，会显示该替代图片。

三、操作题

简单描述使用插件和使用 HTML5 新增的 Audio、Video 元素在网页中插入音频及视频的区别。

第 7 章
设置网页链接

　　链接是 Internet 的精髓所在，它们像纽带一般，将无数 HTML 网页文件与各类资源编织成一个浩瀚无垠的网络世界。在 Dreamweaver 中对链接的设置是十分简单、方便的，直接为需要设置链接的元素添加超链接标签 <a>，并且超链接标签中设置相应的属性即可。本章将引领读者深入探索网页中各类超链接的创建与设置技巧，同时，还将详细解析超链接的 4 种伪类状态，让读者能够借助 CSS 样式为超链接赋予更加丰富的视觉表现，从而打造出既实用又美观的网页链接效果。

学习目标

1. 知识目标
- 理解超链接标签及相关属性。
- 了解超链接的 5 种打开方式。
- 理解相对路径和绝对路径。
- 了解锚点链接。
- 理解超链接伪类的 4 种状态。

2. 能力目标
- 能够为网页中的文字和图像创建超链接。
- 能够在网页中插入锚点并创建锚点链接。
- 能够掌握各种特殊超链接的创建和设置方法。
- 能够在网页中创建 E-mail 链接。
- 能够创建 CSS 伪类样式，对网页中的超链接进行美化处理。

3. 素质目标
- 具备沟通合作技能，能够与团队成员有效沟通，解决合作中的问题和冲突。
- 提升资源整合能力，能够合理调配和利用资源，实现工作目标。

7.1 创建超链接

　　超链接作为网站中经常使用的 HTML 元素，无疑是网页构建中关键且基础的组成部分。页面间的跳转与导航，几乎完全依赖于这些链接的巧妙串联。每个文件都拥有独特的存放位置和访问路径，对这些路径关系的深刻理解，是创建有效链接的基础。一个成功的网站，必然是一个各个页面之间紧密相连、相互依托的有机整体。如果页面之间彼此孤立，缺乏必要的链接联系，那么这样的网站将难以流畅运行，更难以提供用户所需的信息体验。

7.1.1　创建文字和图像超链接

为网页中的文字和图像创建超链接的方法有多种，可以直接在 HTML 代码中添加 <a> 标签来为文字或图像创建超链接，也可以使用 Hyperlink 对话框创建超链接，还可以使用"属性"面板来为选中的文字和图像设置超链接。

1. 使用"属性"面板设置超链接

在页面中选择需要设置超链接的文字或图像，执行"窗口 > 属性"命令，打开"属性"面板，在"属性"面板的"链接"文本框中可以输入链接页面的路径地址，或者单击"链接"右侧的"浏览文件"图标，在弹出的"选择文件"对话框中选择需要链接的文件，如图 7-1 所示。

图 7-1　"属性"面板

为选中的文字或图像设置了"链接"选项之后，"属性"面板中的"标题"和"目标"选项被激活，"标题"选项可以设置超链接的标题名称；"目标"选项可以设置超链接的打开方式。

2. 使用 Hyperlink 对话框设置超链接

除了可以在"属性"面板上设置链接，单击"插入"面板中的 Hyperlink 按钮，如图 7-2 所示，弹出 Hyperlink 对话框，在该对话框中同样可以设置链接，如图 7-3 所示。

图 7-2　单击 Hyperlink 按钮

图 7-3　Hyperlink 对话框

3. 添加超链接标签 <a> 设置超链接

超链接标签 <a> 在 HTML 中既可以作为一个跳转到其他页面的链接，也可以作为"埋设"在文档中某一处的一个"锚定位"，<a> 也是一个行内元素，可以成对出现在一段文档的任意位置。

<a> 标签的语法如下：

```
<a href="链接目标" name="链接名称" title="提示文字" target="打开方式" >超链接
对象</a>
```

7.1.2　设置链接属性

<a> 标签中的相关属性及说明如表 7-1 所示。

表 7-1 <a> 标签中的相关属性及说明

属性	说　　明
href	用于设置链接地址
name	用于为链接命名
title	用于为链接设置提示文字
target	用于设置超链接的打开方式

例如，如下 HTML 网页代码，使用 <a> 标签创建超链接。

```
……
<body>
<a href="about/gongsi.html"name="link"title="公司简介"target="_blank">公
司简介</a>
</body>
……
```

在默认情况下链接打开的方式是在原浏览器窗口打开，通过设置 target 属性来控制打开的窗口目标。

target 属性的属性值有 5 个，分别是 _blank、_parent、_self、_top 和 new，如表 7-2 所示。

表 7-2 <a> 标签中的 target 属性值说明

属性值	说　　明
_blank	将 target 属性值设置为 _blank，表示在一个全新的空白窗口中打开链接
_parent	将 target 属性值设置为 _parent，表示在当前框架的上一层打开链接
_self	将 target 属性值设置为 _self，表示在当前窗口打开链接
_top	将 target 属性值设置为 _top，表示在链接所在的最高级窗口中打开
new	与 _blank 类似，将链接的页面以一个新的浏览器窗口打开

7.1.3　相对路径和绝对路径

相对路径最适合网站的内部链接。只要是属于同一网站之下的，即使不在同一个目录下，相对路径也非常适合。

相对路径的基本语法如下：

```
<a href=" 相对路径地址 "> 超链接对象 </a>
```

如果想链接到同一目录下，则只需输入要链接文档的名称。要链接到下一级目录中的文件，只需先输入目录名，然后加 "/"，再输入文件名。如果想链接到上一级目录中的文件，则先输入 "../"，再输入目录名、文件名。制作网页时使用的大多数路径都属于相对路径。

绝对路径为文件提供完全的路径，包括使用的协议（如 http、ftp 和 rtsp 等）。一般常见的绝对路径如 http://www.sina.com、ftp://202.98.148.1/ 等。

绝对路径的基本语法如下：

```
<a href=" 绝对路径地址 "> 超链接对象 </a>
```

使用绝对路径可以链接自己的网站资源，也可以是别人的。但是此类资源需要依赖于他方，如果链接地址资源有变动，就会导致链接无法正常访问。尽管本地链接也可以使用绝对路径，但不建议采用这种方式，因为一旦将该站点移动到其他服务器，则所有本地绝对路径链接都将断开。

提示

被链接文档的完整 Url 就是绝对路径，包括所使用的传输协议。从一个网站的网页链接到另一个网站的网页时，必须使用绝对路径，以保证当一个网站的网址发生变化时，被引用的另一个页面的链接还是有效的。

7.1.4 【课堂任务】：设置网页中文字和图像链接

素材文件：源文件 \ 第 7 章 \7-1-4.html　　案例文件：最终文件 \ 第 7 章 \7-1-4.html
案例要点：掌握创建和设置链接的方法

Step 01 执行"文件 > 打开"命令，打开页面"源文件 \ 第 7 章 \7-1-4.html"，页面效果如图 7-4 所示。在页面中选中需要设置超链接的文字，如图 7-5 所示。

图 7-4　打开页面　　　　　　　　　　图 7-5　选择需要设置超链接的文字

Step 02 单击"插入"面板中的 Hyperlink 按钮，如图 7-6 所示，弹出 Hyperlink 对话框，单击"链接"选项后的"浏览"图标，在弹出的"选择文件"对话框中选择当前站点中需要链接的网页，如图 7-7 所示。

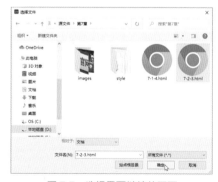

图 7-6　单击 Hyperlink 按钮　　　　　　图 7-7　选择需要链接的页面

Step 03 单击"确定"按钮，返回 Hyperlink 对话框中，设置"目标"选项为 _blank，如图 7-8 所示。单击"确定"按钮，完成 Hyperlink 对话框的设置，为选中的文字设置相对路径链接，可以看到页面中超链接文字的默认效果为蓝色且带有下画线，如图 7-9 所示。

图 7-8　Hyperlink 对话框

图 7-9　超链接文字默认显示效果

Step04 转换到代码视图中，可以看到刚设置的文字超链接的 HTML 代码，如图 7-10 所示。保存页面，在浏览器中预览页面，可以看到页面效果，如图 7-11 所示。

图 7-10　超链接 HTML 代码

图 7-11　预览页面中文字超链接效果

Step05 返回网页代码视图中，为相应的图像添加 <a> 标签并使用绝对路径设置其链接地址，如图 7-12 所示。保存页面，在浏览器中预览页面，可以看到页面效果，如图 7-13 所示。

图 7-12　设置图像超链接

图 7-13　预览页面中图像超链接效果

提示

　　外部链接是相对于本地链接而言的，不同的是外部链接的链接目标文件不在站点内，而在远程的 Web 服务器上，所以，只需在 <a> 标签中输入所链接页面的 Url 绝对地址，并且包括所使用的协议（例如，对于 Web 页面，通常使用 http://，即超文本传输协议）。

Step06 单击页面中设置了超链接的文字，可以在新的浏览器窗口中打开链接页面 7-2-3. html，效果如图 7-14 所示。如果单击页面中设置了超链接的图像，可以在当前的页面窗口中打开所链接的 Url 绝对地址页面，效果如图 7-15 所示。

图 7-14　在新开窗口中打开链接页面

图 7-15　在当前窗口中打开 Url 链接地址

7.2　锚点链接

锚点链接是指同一个页面中不同位置的链接。可以在页面的某个分项内容的标题上设置锚点，然后在页面上设置锚点的链接，那么用户就可以通过链接直接快速跳转到感兴趣的内容。

7.2.1　插入锚点

在创建锚点链接前首先需要在页面中相应的位置插入锚点。插入锚点的基本语法如下：

```
<a name=" 锚点名称 "></a>
```

利用锚点名称可以链接到相应的位置。在为锚点命名时应该注意遵守以下规则：锚点名称可以是中文、英文或数字的组合，但锚点名称中不能含有空格，并且锚点名称不能以数字开头；同一网页中可以有无数个锚点，但是不能有相同名称的锚点。

7.2.2　创建锚点链接

在网页中相应的位置插入锚点以后，就可以创建到锚点的链接，需要用 # 号及锚点的名称作为 href 属性值。

创建锚点链接的基本语法如下：

```
<a href="# 锚点名称 "> 超链接对象 </a>
```

在 href 属性后输入 # 号和在页面插入的锚点名称，可以链接到页面中不同的位置。

如果需要创建到其他页面的指点锚点链接，可以设置 href 属性值为所链接页面的路径和页面名称，再加上 # 号和锚点名称。

创建到其他页面的锚点链接的基本语法如下：

```
<a href=" 链接页面名称 # 锚点名称 "> 超链接对象 </a>
```

与链接同一页面中的锚点名称不同的是，需要在 # 号前增加页面的路径地址。

7.2.3　【课堂任务】：制作锚点链接页面

素材文件：源文件 \ 第 7 章 \7-2-3.html　　案例文件：最终文件 \ 第 7 章 \7-2-3.html
案例要点：掌握插入锚点和创建锚点链接的方法

Step 01 执行 "文件 > 打开" 命令，打开页面 "源文件 \ 第 7 章 \7-2-3.html"，可以看到该页面的 HTML 代码，如图 7-16 所示。在浏览器中预览该页面，效果如图 7-17 所示。

图 7-16　页面 HTML 代码　　　　　　　　　　图 7-17　预览页面效果

Step 02 返回网页 HTML 代码中，在 "人类介绍" 文字后添加 <a> 标签，并在该标签中添加 name 属性设置，插入锚点 rl，如图 7-18 所示。为网页中第一张图像添加 <a> 标签，并创建到 rl 锚点的链接，如图 7-19 所示。

```
<img src="images/72306.gif" alt="">
<span class="font"人类介绍</span><br>
<a name="rl"></a>
<span class="font01">人类: </span><br>
<span class="font03">    就是地球文明的代表，在地球毁灭的同时，他们成功脱逃
来到了Helen大陆，他们同时担当起了延续地球文明的重任，他们是Helen大陆上野心最
强，支配占有欲最强的种族。他们渴望着财富，名声和自我价值的实现。因为他们顽智的
生命中，成就感的追求是他们活着的目标。      </span><br>
```

图 7-18　插入锚点

```
<div id="top"><img src="images/72301.gif" alt=""></div>
<div id="center">
    <a href="#rl"><img src="images/72303.jpg" alt=""></a>
    <img src="images/72304.jpg" alt="">
    <img src="images/72305.jpg" alt="">
</div>
```

图 7-19　设置锚点链接

> **提示**
>
> 锚点的名称只能包含小写 ASCII 码和数字，且不能以数字开头。可以在网页的任意位置创建锚点，但是锚点的名称不能重复。

Step 03 在 "精灵介绍" 文字后添加 <a> 标签，并在该标签中添加 name 属性设置，插入锚点 jl，如图 7-20 所示。为网页中第二张图像添加 <a> 标签，并创建到 jl 锚点的链接，如图 7-21 所示。

```
<img src="images/72306.gif" alt="">
<span class="font"> 精灵介绍</span><br>
<a name="jl"></a>
<span class="font01">精灵: </span><br>
<span class="font03">    浮在空中的电灵是自负而又防范的种族，他们对其他种族
的轻蔑常常让其他种族对他们抱有敌视心理。但是他们的确优秀，这就让其他种族不得不
把这种敌视放在心中。</span><br>
```

图 7-20　插入锚点

```
<div id="top"><img src="images/72301.gif" alt=""></div>
<div id="center">
    <a href="#rl"><img src="images/72303.jpg" alt=""></a>
    <a href="#jl"><img src="images/72304.jpg" alt=""></a>
    <img src="images/72305.jpg" alt="">
</div>
```

图 7-21　设置锚点链接

Step04 在"法师介绍"文字后添加 <a> 标签，并在该标签中添加 name 属性设置，插入锚点 fs，如图 7-22 所示。为网页中第三张图像添加 <a> 标签，并创建到 fs 锚点的链接，如图 7-23 所示。

```
<img src="images/72306.gif" alt="">
<span class="font">法师介绍</span><br>
<a name="fs"></a>
<span class="font01">法师: </span><br>
<span class="font03">    这些林间的人型生物有很多特点，包括: 巨大的身形，和
藤蔓的奇妙联系，对昆虫的饲养和驾驭。他们是树林的守护者，树林也守护着他们。
</span><br>
```

图 7-22　插入锚点

```
<div id="top"><img src="images/72301.gif" alt=""></div>
<div id="center">
    <a href="#rl"><img src="images/72303.jpg" alt=""></a>
    <a href="#jl"><img src="images/72304.jpg" alt=""></a>
    <a href="#fs"><img src="images/72305.jpg" alt=""></a>
</div>
```

图 7-23　设置锚点链接

Step05 保存页面，在浏览器中预览页面，可以看到页面效果，如图 7-24 所示。单击页面中设置了锚记链接的图片，即可跳转到相应的锚记位置，如图 7-25 所示。

图 7-24　预览页面效果

图 7-25　跳转到锚点链接位置

7.3　创建特殊链接

超链接还可以进一步扩展网页的功能，比较常用的有发送电子邮件、空链接和下载链接等，创建这些特殊的超链接，关键在于 href 属性值的设置。本节将介绍如何在 HTML 页面中创建各种特殊的超链接。

7.3.1　空链接

有些客户端行为的动作，需要由超链接来调用，这时就需要用到空链接。访问者单击网页中的空链接，将不会打开任何文件。空链接的基本语法如下：

```
<a href="#"> 链接的文字 </a>
```

空链接是设置 href 属性值为 # 号来实现的。

> **提示**
>
> 空链接就是没有目标端点的链接。利用空链接可以激活文件中链接对应的对象和文本。当文本或对象被激活后，可以为之添加行为，例如，当鼠标经过后变换图像，将重新刷新当前页面。

7.3.2　文件下载链接

链接到下载文件的方法和链接到网页的方法完全一样。当被链接的文件是 exe 文件或 rar 文件等浏览器不支持的类型时，这些文件会被下载，这就是网上下载的方法。例如，要给页面中的文字或图像添加下载链接，希望用户单击文字或图像后下载相关的文件，这时只需要将文字或图像选中，直接链接到相关的压缩文件即可。文件下载链接的基本语法如下：

```
<a href=" 文件的路径地址 "> 超链接对象 </a>
```

下载链接可以为浏览者提供下载文件，是一种很实用的下载方式。

7.3.3　脚本链接

脚本链接对大多数人来说是比较陌生的词汇。脚本链接一般用于提供给浏览者关于某个方面的额外信息，而不用离开当前页面。脚本链接具有执行 JavaScript 代码的功能，如校验表单等。

脚本链接的基本语法如下：

```
<a href="JavaScript: 执行的脚本程序 "> 超链接对象 </a>
```

7.3.4　【课堂任务】：创建关闭浏览器窗口链接

素材文件：源文件 \ 第 7 章 \7-3-4.html　　案例文件：最终文件 \ 第 7 章 \7-3-4.html
案例要点：掌握在网页中创建脚本链接的方法

Step 01 执行"文件 > 打开"命令，打开页面"源文件 \ 第 7 章 \7-3-4.html"，可以看到该页面的 HTML 代码，如图 7-26 所示。在浏览器中预览该页面，效果如图 7-27 所示。

图 7-26　页面 HTML 代码　　　　　　　　　图 7-27　预览页面效果

Step02 返回网页 HTML 代码中，为页面底部的 close 图像添加 <a> 标签，设置关闭浏览器窗口的 JavaScript 脚本代码，如图 7-28 所示。保存页面，在浏览器中预览页面，单击设置了脚本链接的图像，如图 7-29 所示，会自动关闭当前浏览器窗口。

图 7-28　设置脚本链接　　　　　　　　图 7-29　测试脚本链接效果

> **提示**
>
> 此处为该图像设置的是一个关闭窗口的 JavaScript 脚本代码，当用户单击该图像时，就会执行该 JavaScript 脚本代码。用户也可以设置其他功能的 JavaScript 脚本代码，从而实现其他的脚本链接效果。

7.3.5　E-mail 链接

无论是个人网站还是商业网站，都经常在网页的最下方留下站长或公司的 E-mail，当网友对网站有意见或建议时，可以直接单击 E-mail 超链接，给网站的相关人员发送邮件。E-mail 超链接可以建立在文字上，也可以建立在图像上。

电子邮件链接的基本语法如下：

```
<a href="mailto:邮件地址 "> 发送电子邮件 </a>
```

创建电子邮件链接的要求是邮件地址必须完整，如 admin@163.com。

7.3.6　【课堂任务】：在网页中创建 E-mail 链接

素材文件：源文件 \ 第 7 章 \7-3-6.html　　案例文件：最终文件 \ 第 7 章 \7-3-6.html
案例要点：掌握创建 E-mail 链接的方法

Step01 执行"文件 > 打开"命令，打开页面"源文件 \ 第 7 章 \7-3-6.html"，选中页面版底信息中的 xxxxxx@163.com 文字，如图 7-30 所示。单击"插入"面板中的"电子邮件链接"按钮，如图 7-31 所示。

Step02 弹出"电子邮件链接"对话框，在"文本"文本框中输入链接文字，在"电子邮件"文本框中输入需要链接的 E-mail 地址，如图 7-32 所示。单击"确定"按钮，完成 E-mail 链接的设置，转换到代码视图中，可以看到 E-mail 链接的代码，如图 7-33 所示。

Step03 保存页面。在浏览器中预览页面，效果如图 7-34 所示。单击 xxxxxx@163.com 文字，弹出系统默认的邮件收发软件，如图 7-35 所示。

图 7-30　选中需要设置电子邮件链接的文字

图 7-31　单击"电子邮件链接"按钮

图 7-32　"电子邮件链接"按钮

图 7-33　电子邮件链接的 HTML 代码

图 7-34　单击设置了 E-mail 链接的文字

图 7-35　系统默认的邮件收发软件

提示

　　E-mail 链接是指当用户在浏览器中单击该链接之后，不是打开一个网页文件，而是启动用户系统客户端的 E-mail 软件（如 Outlook Express），并打开一个空白的新邮件，供用户撰写邮件内容。

技巧

　　用户在设置电子邮件链接时时还可以替浏览者加入邮件的主题，方法如下：在输入电子邮件地址后面加入"?subject= 要输入的主题"语句，实例中主题可以写"客服帮助"，完整的语句为"xxxxxx@163.com?subject= 客服帮助"。

　　如果希望弹出的系统默认邮件收发软件自动填写邮件主题，只需要在电子邮件链接地址之后加入图 7-36 所示的代码。保存页面，在浏览器中预览页面，单击页面中的 E-mail 链接文字，效果如图 7-37 所示。

```
<div id="bottom">
  &copy; 天想科技公司  版权所有.  联系邮箱:
  <a href="mailto:xxxxxx@163.com?subject=客服帮助">xxxxxx@163.com</a>
</div>
```

图 7-36　添加邮件主题设置　　　　　　图 7-37　系统默认的邮件收发软件

7.4　理解超链接属性

对于网页中超链接文本的修饰，通常可以采用 CSS 样式伪类。伪类是一种特殊的选择符，能被浏览器自动识别。其最大的用处是在不同状态下可以对超链接定义不同的样式效果，是 CSS 本身定义的一种类。CSS 样式中用于超链接的伪类有如下 4 种。

- :link 伪类：用于定义超链接对象在没有访问前的样式。
- :hover 伪类：用于定义当鼠标移至超链接对象上时的样式。
- :active 伪类：用于定义当鼠标单击超链接对象时的样式。
- :visited 伪类：用于定义超链接对象已经被访问过后的样式。

7.4.1　a:link

:link 伪类用于设置超链接对象在没有被访问时的样式。在很多超链接应用中，可能会直接定义 <a> 标签的 CSS 样式，这种方法与定义 a:link 的 CSS 样式有什么不同呢？

HTML 代码如下：

```
<a>超链接文字样式</a>
<a href="#">超链接文字样式</a>
```

CSS 样式代码如下：

```
a {
  color: black;
}
  a:link {
color: red;
}
```

预览效果中 <a> 标签的样式表显示为黑色，使用 a:link 显示为红色。也就是说，a:link 只对拥有 href 属性的 <a> 标签产生影响，也就是拥有实际链接地址的对象，而对直接使用 <a> 标签嵌套的内容不会发生实际效果，如图 7-38 所示。

超链接文字样式　超链接文字样式

图 7-38　预览超链接 link 状态效果

7.4.2 a:hover

:hover 伪类用来设置对象在鼠标悬停时的样式表属性。该状态是非常实用的状态之一，当鼠标移动到链接对象上时，改变其颜色或改变下画线状态，这些都可以通过 a:hover 状态控制实现。对于无 href 属性的 <a> 标签，该伪类不发生作用。在 CSS 样式中该伪类可以应用于任何对象。

CSS 样式代码如下：

```
a {
    color: #ffffff;
    background-color: #CCCCCC;
    text-decoration: none;
    display: block;
    float:left;
    padding: 20px;
    margin-right: 1px;
}
a:hover {
    background-color: #FF9900
}
```

在浏览器中预览，当鼠标没有移至超链接对象上时，初始背景为灰色，当鼠标经过链接区域时，背景色由灰色变成橙色，效果如图 7-39 所示。

图 7-39　预览超链接 hover 状态效果

7.4.3 a:active

:active 伪类用于设置链接对象在被用户激活（在被单击与释放之间发生的事件）时的样式。实际应用中，本状态很少使用。对于无 href 属性的 <a> 标签，该伪类不发生作用。在 CSS 样式中该伪类可以应用于任何对象，并且 :active 状态可以和 :link 及 :visited 状态同时发生。

CSS 样式代码如下：

```
a:active {
    background-color:#0099FF;
}
```

在浏览器中预览，当鼠标没有移至超链接对象上时，初始背景为灰色，当鼠标单击链接且没有释放之前，链接块呈现出 a:active 中定义的蓝色背景，效果如图 7-40 所示。

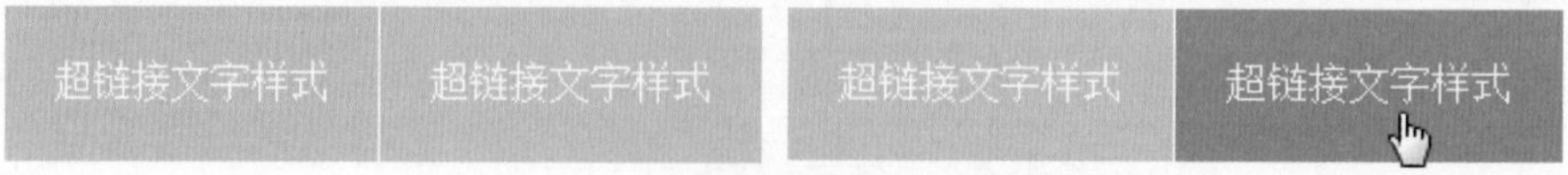

图 7-40　预览超链接 active 状态效果

7.4.4　a:visited

:visited 伪类用于设置超链接对象在其链接地址已被访问过后的样式属性。页面中每个链接被访问过之后在浏览器内部都会做一个特定的标记，这个标记能够被 CSS 识别，a:visited 能够针对浏览器检测已经被访问过的链接进行样式设置。通过 a:visited 的样式设置，能够设置访问过的链接呈现为另外一种颜色或删除线的效果。定义网页过期时间或用户清空历史记录将影响该伪类的作用，对于无 href 属性的 <a> 标签，该伪类不发生作用。

CSS 样式代码如下：

```
a:link {
    color: #FFFFFF;
    text-decoration: none;
}
a:visited {
    color: #FF0000;
}
```

在浏览器中预览，当鼠标没有移至超链接对象上时，初始背景为灰色，当单击设置了超链接的文本并释放鼠标左键后，被访问过的链接文本会由白色变为红色，如图 7-41 所示。

| 超链接文字样式 | 超链接文字样式 | 超链接文字样式 | 超链接文字样式 |

图 7-41　预览超链接 visited 状态效果

7.4.5　【课堂任务】：使用 CSS 样式设置超链接

素材文件：源文件 \ 第 7 章 \7-4-5.html　　案例文件：最终文件 \ 第 7 章 \7-4-5.html
案例要点：掌握使用 CSS 样式设置超链接样式

Step01 执行"文件 > 打开"命令，打开页面"源文件 \ 第 7 章 \7-4-5.html"，页面效果如图 7-42 所示。转换到代码视图中，为各新闻标题文字创建空链接，如图 7-43 所示。

图 7-42　页面效果

```
<div id="box">
    <ul>
        <li><a href="#">关于官方网站系统升级优化的说明</a></li>
        <li><a href="#">智能宝宝向前冲海选赛开始啦，快报名吧！</a></li>
        <li><a href="#">网络晋级赛圆满结束，终级决赛即将开始</a></li>
        <li><a href="#">比赛抽奖开始啦，以电子券形式发放</a></li>
        <li><a href="#">快快向前跑，终级决赛</a></li>
        <li><a href="#">关于智能宝宝向前冲的比赛说明</a></li>
        <li><a href="#">五一全家健身行活动开始啦，欢迎报名参加</a></li>
        <li><a href="#">春天到了，你还窝在家里吗？快出来走走吧！</a></li>
        <li><a href="#">儿童成长健康讲座接受预约</a></li>
        <li><a href="#">家庭亲子活动开始啦，详细内容可以咨询...</a></li>
    </ul>
</div>
```

图 7-43　创建空链接

Step02 保存页面，在浏览器中预览页面，可以看到默认的超链接文字的显示效果，如图 7-44 所示。转换到该网页所链接的外部 CSS 样式表文件中，创建名为 .link01 的类 CSS 样式的 4 种超链接伪类样式，如图 7-45 所示。

图 7-44　超链接文字默认显示效果

```
.link01:link {
    color: #C33;
    text-decoration: none;
}

.link01:hover {
    color: #069;
    text-decoration: underline;
}

.link01:active {
    color: #069;
    text-decoration: underline;
}

.link01:visited {
    color: #999;
    text-decoration: line-through;
}
```

图 7-45　CSS 样式代码

Step 03 返回网页 HTML 代码中，在第一条新闻标题文件的超链接标签中添加 class 属性，应用名为 link01 的类 CSS 样式，如图 7-46 所示。转换到该网页所链接的外部 CSS 样式表文件中，创建名为 .link02 的类 CSS 样式的 4 种超链接伪类样式，如图 7-47 所示。

```
<div id="box">
  <ul>
    <li><a href="#" class="link01">关于官方网站系统升级优化的说明</a></li>
    <li><a href="#">智能宝宝向前冲海选赛开始啦，快报名吧！</a></li>
    <li><a href="#">网络晋级赛圆满结束，终级决赛即将开始</a></li>
    <li><a href="#">比赛抽奖开始啦，以电子券形式发放</a></li>
    <li><a href="#">快快向前冲，终级决赛</a></li>
    <li><a href="#">关于智能宝宝向前冲的比赛说明</a></li>
    <li><a href="#">五一全家健身行动开始啦，欢迎报名参加</a></li>
    <li><a href="#">春天到了，你还宅在家里吗？快出来走走吧！</a></li>
    <li><a href="#">儿童成长健康讲座受预约</a></li>
    <li><a href="#">家庭亲子活动开始啦，详细内容可以咨询...</a></li>
  </ul>
</div>
```

图 7-46　应用类 CSS 样式

```
.link02:link {
    color: #C33;
    text-decoration: underline;
}

.link02:hover {
    color: #0C0;
    text-decoration: none;
    margin-top: 1px;
    margin-left: 1px;
}

.link02:active {
    color: #333;
    text-decoration: none;
    margin-top: 1px;
    margin-left: 1px;
}

.link02:visited {
    color: #000;
    text-decoration: overline;
}
```

图 7-47　CSS 样式代码

Step 04 返回网页 HTML 代码中，为其他新闻标题超链接应用名为 link02 的类 CSS 样式，如图 7-48 所示。保存页面并保存外部 CSS 样式表文件，在浏览器中预览页面，可以看到使用 CSS 样式对超链接文字进行设置的效果，如图 7-49 所示。

```
<div id="box">
  <ul>
    <li><a href="#" class="link01">关于官方网站系统升级优化的说明</a></li>
    <li><a href="#" class="link02">智能宝宝向前冲海选赛开始啦，快报名吧！</a></li>
    <li><a href="#" class="link02">网络晋级赛圆满结束，终级决赛即将开始</a></li>
    <li><a href="#" class="link02">比赛抽奖开始啦，以电子券形式发放</a></li>
    <li><a href="#" class="link02">快快向前冲，终级决赛</a></li>
    <li><a href="#" class="link02">关于智能宝宝的前冲的比赛说明</a></li>
    <li><a href="#" class="link02">五一全家健身行动开始啦，欢迎报名参加</a></li>
    <li><a href="#" class="link02">春天到了，你还宅在家里吗？快出来走走吧！</a></li>
    <li><a href="#" class="link02">儿童成长健康讲座受预约</a></li>
    <li><a href="#" class="link02">家庭亲子活动开始啦，详细内容可以咨询...</a></li>
  </ul>
</div>
```

图 7-48　应用类 CSS 样式

图 7-49　应用 CSS 样式后的超链接
文字效果

7.5　本章小结

完成本章内容的学习后，读者应能够精通在网页中创建各种超链接的技巧，深入理解超链接标签 <a> 内各项属性的功能及其配置方法。此外，读者还需掌握 4 种超链接伪类样式的设置技巧，并能够灵活运用这些伪类样式，对网页中的超链接进行美化和优化，从而提升整体的用户体验。

7.6　课后练习

完成对本章内容的学习后，接下来通过课后练习，检测读者对本章内容的学习效果，同时加深读者对所学知识的理解。

一、选择题

1. 在超链接标签 <a> 中设置 target 属性值为（　　　），可以设置该超链接在新窗口中打开。

　　A._self　　　　　　　B._blank　　　　　　　C._top　　　　　　　D._parent

2. 为网页中的图片创建 Url 绝对地址链接，下列写法正确的是（　　　）。

　　A. <a href="http://www.xxx.com">pic.jpg</a>

　　B. <a href="www.xxx.com">pic.jpg</a>

　　C. <a href="http://www.xxx.com"><img src="pic.jpg"></a>

　　D. <img src="pic.jpg"><a href="http://www.xxx.com"></a>

3. 在网页中创建锚点链接，下列写法正确的是（　　　）。

　　A. <a name=" 锚点名称 "></a>　　　　　　B. <a href="# 锚点名称 "></a>

　　C. <a href="# "></a>　　　　　　　　　　D. <a name="# 锚点名称 "></a>

4. 以下哪个是正确的电子邮件链接地址？（　　　）

　　A. xxx.com　　　　B. xxx@.com　　　　C. xxx@xxx.com　　　　D. mailto: xxx@xxx.com

5. （　　　）用于设置超链接对象在没有被访问时的样式。

　　A. :link 伪类　　　　B. :hover 伪类　　　　C. :active 伪类　　　　D. :visited 伪类

二、填空题

1. 在超链接 <a> 标签中，_____属性用于设置链接地址。

2. 超链接 <a> 标签中的 target 属性的属性值有 5 个，分别是_____、_____、_____、_____和_____。

3. 在网页中相应的位置插入锚点以后，就可以创建到锚点的链接，需要用_____及_____作为 href 属性值。

4. _____伪类用来设置光标经过或停留在超链接上的样式，该状态是非常实用的状态之一。

5. 如果需要创建空链接，可以在超链接 <a> 标签中设置 href 属性值为_____。

三、操作题

简单描述相对路径与绝对路径的区别。

第8章
插入表单元素

表单作为从 Web 访问者那里汇聚信息的桥梁，更像是一个信息的集纳站，在多种场景中发挥着关键作用。当访问者注册邮箱时，表单会精心地收集个人资料；在电子商务网站中，表单负责记录每位顾客的购物清单，精确到每件商品的细节；在使用搜索引擎探寻知识时，那些关键的查询词汇也是通过表单传递给服务器的。本章将引领读者深入探索如何在网页中巧妙地融入各种表单元素。通过一系列典型表单页面的构建实例，读者将掌握表单元素的使用精髓与技巧，让网页的交互更加流畅，信息的收集更加高效。

学习目标

1. 知识目标
- 了解表单的作用。
- 理解各种常用表单元素的作用。
- 理解各种 HTML5 表单元素的作用。
- 了解 HTML5 表单验证属性。

2. 能力目标
- 能够掌握各种表单元素的插入和设置方法。
- 能够制作登录表单。
- 能够制作用户注册表单。
- 能够制作留言表单。

3. 素质目标
- 具备社会适应能力，能够快速融入新环境和新团队，与他人协作完成任务。
- 培养领导与组织能力，能够在团队中担任领导角色，带领团队完成任务。

8.1 插入表单元素

网站不仅能向浏览者展示信息，还能接收和处理用户信息。在网络上，我们常常遇到留言板、注册系统等互动性极强的动态网页，这些功能使得浏览者能够深度参与到网页的交互中。在实现这些交互功能的过程中，表单是 HTML 元素中的关键角色。

8.1.1 表单的作用

表单不是表格，既不用来显示数据，也不用来布局网页。表单提供一个界面，一个入口，便于用户把数据提交给后台程序进行处理。

<from></form> 标签用来创建表单，定义了表单的开始和结束位置，在标签之间的内容都

在一个表单当中。表单子元素的作用是提供不同类型的容器，记录用户的数据。

　　用户完成表单数据输入之后，表单将把数据提交到后台程序页面。页面中可以有多个表单，但要确保一个表单只能提交一次数据。

　　表单不仅为用户提供了一个输入信息的平台，更通过其强大的数据收集能力，为网站提供了宝贵的用户反馈和数据支持。因此，深入理解和掌握表单的相关知识，对于后续学习动态网页的制作和管理具有至关重要的意义。

8.1.2　常用表单元素

　　在 Dreamweaver CC 的"插入"面板中有一个"表单"选项卡，在该选项卡中可以看到在网页中插入的表单元素按钮，如图 8-1 所示。

图 8-1　"表单"选项卡中的表单元素

常用表单元素说明如表 8-1 所示。

表 8-1　常用表单元素说明

属性	说　　明
表单	单击该按钮，在网页中插入一个表单域。所有表单元素想要实现的作用，就必须存在于表单域中
文本	单击该按钮，在表单域中插入一个可以输入一行文本的文本域。文本域可以接收任何类型的文本、字母与数字内容
密码	单击该按钮，在表单域中插入密码域。密码域可以接收任何类型的文本、字母与数字内容，以密码域方式显示时，输入的文本都会以星号或项目符号的方式显示，这样可以避免别的用户看到这些文本信息
文本区域	单击该按钮，在表单域中插入一个可输入多行文本的文本区域
按钮	单击该按钮，在表单域中插入一个普通按钮，单击该按钮，可以执行某一脚本或程序，并且用户还可以自定义按钮的名称和标签
"提交"按钮	单击该按钮，在表单域中插入一个提交按钮，该按钮用于向表单处理程序提交表单域中所填写的内容
"重置"按钮	单击该按钮，在表单域中插入一个"重置"按钮，"重置"按钮会将所有表单字段重置为初始值
文件	单击该按钮，在表单中插入一个文本字段和一个"浏览"按钮。浏览者可以使用文件域浏览本地计算机上的某个文件并将该文件作为表单数据上传
图像按钮	单击该按钮，在表单域中插入一个可放置图像的区域。放置的图像用于生成图形化的按钮，如"提交"或"重置"按钮

（续表）

属性	说　明
隐藏	单击该按钮，在表单中插入一个隐藏域，可以存储用户输入的信息，如姓名、电子邮件地址或常用的查看方式，在用户下次访问该网站时使用这些数据
选择	单击该按钮，在表单域中插入选择列表或菜单。"列表"选项在一个列表框中显示选项值，浏览者可以从该列表框中选择多个选项。"菜单"选项则是在一个菜单中显示选项值，浏览者只能从中选择单个选项
单选按钮	单击该按钮，在表单域中插入一个单选按钮。单选按钮代表互相排斥的选择。在某一个单选按钮组（由两个或多个共享同一名称的按钮组成）中选择一个按钮，就会取消选择该组中的其他按钮
单选按钮组	单击该按钮，在表单域中插入一组单选按钮，也就是直接插入多个（两个或两个以上）单选按钮
复选框	单击该按钮，在表单域中插入一个复选框。复选框允许在一组选项框中选择多个选项，也就是说用户可以选择任意多个适用的选项
复选框组	单击该按钮，在表单域中插入一组复选框，复选框组能够一起添加多个复选框
域集	单击该按钮，可以在表单域中插入一个域集 <fieldset> 标签。<fieldset> 标签将表单中的相关元素分组。<fieldset> 标签将表单内容的一部分打包，生成一组相关表单的字段。<fieldset> 标签没有必需的或唯一的属性。当一组表单元素放到 <fieldset> 标签内时，浏览器会以特殊方式来显示它们
标签	单击该按钮，可以在表单域中插入 <label> 标签。label 元素不会向用户呈现任何特殊的样式。不过，它为鼠标用户改善了可用性，因为如果用户单击 label 元素内的文本，则会切换到控件本身。<label> 标签的 for 属性应该等于相关元素的 id 元素，以便将它们捆绑起来

8.1.3　HTML5 表单元素

在 Dreamweaver CC 中提供了对 CSS 3.0 和 HTML5 强大的支持，在"插入"面板的"表单"选项卡中新增了多种 HTML5 表单元素的插入按钮，以便于用户快速在网页中插入并应用 HTML5 表单元素，如图 8-2 所示。

图 8-2　HTML5 表单元素

HTML5 表单元素说明如表 8-2 所示。

表 8-2　HTML5 表单元素说明

属性	说　明
电子邮件	单击该按钮，可以在表单域中插入电子邮件类型元素。在电子邮件类型表单元素中所输入的内容必须是完整的电子邮件地址，在提交表单时，会自动验证 email 域的值
Url	单击该按钮，在表单域中插入 Url 类型元素。Url 属性可返回当前文档的 Url
Tel	单击该按钮，在表单域中插入 Tel 类型元素，应用于电话号码的文本字段
搜索	单击该按钮，在表单域中插入搜索类型元素。该按钮用于搜索的文本字段。search 属性是一个可读可写的字符串，可设置或返回当前 Url 的查询部分（问号之后的部分）
数字	单击该按钮，在表单域中插入数字类型元素，带有 spinner 控件的数字字段
范围	单击该按钮，在表单域中插入范围类型元素。Range 对象表示文档的连续范围区域，如用户在浏览器窗口中用鼠标拖动选中的区域
颜色	单击该按钮，在表单域中插入颜色类型表单元素，color 属性设置文本的颜色（元素的前景色）
月	单击该按钮，在表单域中插入月类型表单元素，该表单元素用于选择月份
周	单击该按钮，在表单域中插入周类型表单元素，该表单元素用于选择周几
日期	单击该按钮，在表单域中插入日期类型表单元素，该表单元素用于选择日期
时间	单击该按钮，在表单域中插入时间类型元素。日期字段的时、分、秒（带有 time 控件）。<time> 标签定义公历的时间（24 小时制）或日期，时间和时区偏移是可选的。该元素能够以机器可读的方式对日期和时间进行编码
日期时间	单击该按钮，在表单域中插入日期时间类型表单元素。该表单元素可以同时选择日期和时间
日期时间（当地）	单击该按钮，在表单域中插入日期时间（当地）类型表单元素。该表单元素可以同时选择日期和时间，但不包括时区信息，因为它是基于用户的本地时间

8.2　常用表单元素的应用

每个表单都是由一个表单域和若干个表单元素组成的。本节将介绍如何在网页中插入表单元素，并对表单元素进行设置。

8.2.1　表单域

表单域是表单中必不可少的一项元素，所有的表单元素都要放在表单域中才会有效，制作表单页面的第一步就是插入表单域。

在"插入"面板的"表单"选项卡中单击"表单"按钮，如图 8-3 所示，即可在光标所在位置插入表单域。表单域在 Dreamweaver 设计视图中显示为红色虚线框，如图 8-4 所示。转换到代码视图中，可以看到表单域的 HTML 代码，如图 8-5 所示。

提示

表单域只有在 Dreamweaver 的设计视图中才显示为红色虚线框，主要是为了方便用户在设计视图中区分表单的区域范围，在浏览器中预览时是不会显示为红色虚线框的。

图 8-3   单击"表单"按钮   图 8-4   表单域显示效果   图 8-5   表单域 HTML 代码

表单域标签为 <form>，用于表示一个表单的区域范围，可以在表单域中插入相应的表单元素。<form> 标签的基本语法如下：

```
<form name="表单名称" action="表单处理程序" method="数据传送方式">
……
</form>
```

在 <form> 标签中可以设置表单的基本属性，包括表单的名称、处理程序和传送方法等。一般情况下，在 <form> 标签中有两个属性是必不可少的，分别是 action 属性和 method 属性。action 属性用于指定表单数据提交到哪个地址进行处理，name 属性用于给表单命名，这一属性不是表单必需的属性。

表单域的 method 属性用来定义处理程序从表单中获得信息的方式，它决定了表单中已收集的数据是用什么方法发送到服务器的。传送方式的值只有两种选择，即 get 或 post。

- get。表单数据会被视为 CGI 或 ASP 的参数发送，也就是来访者输入的数据会附加在 Url 之后，由用户端直接发送至服务器，因此，速度比 post 快，但缺点是数据长度不能太长。
- post。表单数据是与 Url 分开发送的，客户端的计算机会通知服务器来读取数据，因此，通常没有数据长度的限制，缺点是 post 传输方式的速度比 get 传输方式慢。method 属性的默认值为 get，也就是说默认采用 get 传输方式发送表单数据。

技巧

通常情况下，在选择表单数据的传递方式时，简单、少量和安全的数据可以使用 get 方法进行传递，大量的数据内容或者需要保密的内空间则使用 post 方法进行传递。

8.2.2   文本域

文本域属于表单中使用比较频繁的表单元素，在文本域中，可以输入任何类型的文本、数字或字母，在网页中很常见。

在"插入"面板的"表单"选项卡中单击"文本"按钮，如图 8-6 所示，即可在光标所在位置插入文本域，显示效果如图 8-7 所示。转换到代码视图，可以看到文本域的 HTML 代码，如图 8-8 所示。

图 8-6   单击"文本"按钮

图 8-7　文本域显示效果

图 8-8　文本域 HTML 代码

文本域的基本语法如下：

```
<input type="text" name="文件域名称" value="初始内容" size="字符宽度"
maxlength="最多字符数">
```

该语法中包含很多属性，它们的含义和取值方法并不相同。文本域各属性的说明如表 8-3 所示。

表 8-3　文本域各属性说明

属性	说　明
name	该属性用于设置文本域的名称，用于和页面中其他表单元素加以区别，命名时不能包含特殊字符，也不能以 HTML 预留作为名称
size	该属性用于设置文本域在页面中显示的宽度，以字符作为单位
maxlength	该属性用于设置在文本域中最多可以输入的字符数
value	该属性用于设置在文本域中默认显示的内容

技巧

如果只需要单行文本框显示相应的内容，而不允许浏览者输入内容，可以在 input 的 `<input>` 标签中添加 readonly 属性，并设置该属性的值为 true。

8.2.3　密码域

密码域用于输入密码，在浏览者输入内容时，密码框内将以星号或其他系统定义的密码符号显示，以保证信息安全。

在"插入"面板的"表单"选项卡中单击"密码"按钮，如图 8-9 所示，即可在光标所在位置插入密码域，显示效果如图 8-10 所示。转换到代码视图中，可以看到密码域的 HTML 代码，如图 8-11 所示。

图 8-9　单击"密码"按钮

图 8-10　密码域显示效果

图 8-11　密码域 HTML 代码

密码域的基本语法如下：

```
<input type="password" name="元素名称" size="元素宽度" maxlength="最长字符
数" value="默认内容">
```

8.2.4　按钮、"提交"按钮和"重置"按钮

按钮的作用是当用户单击后，执行一定的任务。用户在网上申请邮箱、注册会员时都会见到这些按钮。在 Dreamweaver 中将按钮分为如下 3 种类型：按钮、"提交"按钮和"重置"按钮。

按钮元素需要用户指定单击该按钮时需要执行的操作。例如，添加一个 JavaScript 脚本，使得当浏览者单击该按钮时打开另一个页面。

"提交"按钮的功能是当用户单击该按钮时，将提交表单数据内容至表单域 Action 属性中指定的页面或脚本。

"重置"按钮的功能是当用户单击该按钮时，将清除表单中所做的设置，恢复为默认的选项设置内容。

如果需要插入按钮、"提交"按钮或"重置"按钮，只需要在"插入"面板的"表单"选项卡中单击相应的按钮，如图 8-12 所示，即可在光标所在位置插入按钮、"提交"按钮和"重置"按钮，显示效果如图 8-13 所示。转换到代码视图中，可以看到按钮、"提交"按钮和"重置"按钮的 HTML 代码，如图 8-14 所示。

图 8-12　单击相应按钮　　图 8-13　按钮显示效果　　图 8-14　按钮、"提交"按钮和"重置"
按钮的 HTML 代码

HTML 中的按钮有着广泛的应用，根据 type 属性的不同可以分为 3 种类型。
按钮表单元素的基本语法如下：

```
普通按钮：<input type="button" value="按钮名称">
重置按钮：<input type="reset" value="按钮名称">
提交按钮：<input type="submit" value="按钮名称" >
```

对于表单而言，按钮是非常重要的，其能够控制对表单内容的操作，如"提交"或"重置"。如果将表单内容发送到远端服务器上，可使用"提交"按钮；如果要清除现有的表单内容，可使用"重置"按钮。如果需要修改按钮上的文字，可以在按钮的 <input> 标签中修改 value 属性值。

8.2.5　图像按钮

使用默认的按钮形式往往会让人觉得单调，如果网页使用了较为丰富的色彩或稍微复杂的设计，使用表单默认的按钮形式可能会破坏整体的美感。这时，可以使用图像域创建与网页整体效果相统一的图像提交按钮。

如果需要插入图像按钮，只需要在"插入"面板的"表单"选项卡中单击"图像按钮"按钮，如图 8-15 所示，弹出"选择图像源文件"对话框，在该对话框中选择需要作为图像按钮的图像，如图 8-16 所示。单击"确定"按钮，即可将所选择的图像作为图像按钮插入到网页中。

图 8-15　单击"图像按钮"按钮

图 8-16　"选择图像源文件"对话框

表单提供的图像按钮元素可以替代提交按钮，实现提交表单的功能。

图像域的基本语法如下：

```
<input type="image" src="图片路径">
```

提示

　　默认情况下，图像域只能起到提交表单数据的作用，不能起到其他的作用，如果想要改变其用途，则需要在图像域标签中添加特殊的代码来实现。

8.2.6　【课堂任务】：制作登录页面

素材文件：源文件 \ 第 8 章 \8-2-6.html　　案例文件：最终文件 \ 第 8 章 \8-2-6.html
案例要点：掌握在网页中插入表单元素制作登录页面的方法

Step01 执行"文件＞打开"命令，打开页面"源文件 \ 第 8 章 \8-2-6.html"，效果如图 8-17 所示。将鼠标光标移至页面中名为 login 的 Div 中，将多余的文本删除，单击"插入"面板中的"表单"按钮，在页面中光标所在位置插入表单域，如图 8-18 所示。

图 8-17　页面效果

图 8-18　插入表单域

Step02 将鼠标光标移至表单域中，单击"插入"面板中的"文本"按钮，在光标所在位置插入文本域，将提示文字删除，如图 8-19 所示。转换到代码视图中，对刚插入的文本域的属性进行设置，如图 8-20 所示。

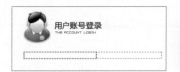

图 8-19　插入文本域

```
<div id="login">
  <form id="form1" name="form1" method="post">
    <input type="text" name="uname" id="uname" placeholder="请输入用户名">
  </form>
</div>
```

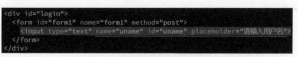

图 8-20　添加属性设置代码

提示

placeholder 属性是 HTML5 新增的表单元素属性，当用户还没有把焦点定位到输入文本框时，可以使用 placeholder 属性向用户提示描述的信息，当该输入文本框获取焦点时，该提示信息就会消失。

Step 03 转换到该网页所链接的外部 CSS 样式表文件中，创建名为 #uname 的 CSS 样式，如图 8-21 所示。返回设计页面中，可以看到应用 CSS 样式后的文本域效果，如图 8-22 所示。

```
#uname {
    width: 300px;
    height: 40px;
    border: solid 1px #CCCCCC;
    line-height: 40px;
    padding-left: 10px;
    margin-bottom: 20px;
}
```

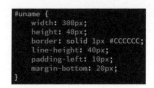

图 8-21　CSS 样式代码

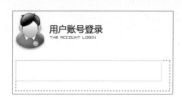

图 8-22　文本域效果

Step 04 将鼠标光标移至页面中的文本域后，单击“插入”面板中的“密码”按钮，如图 8-23 所示。在光标所在位置插入密码域，将提示文字删除，如图 8-24 所示。

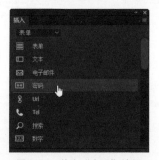

图 8-23　单击“密码”按钮

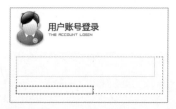

图 8-24　插入密码域

Step 05 转换到代码视图中，对刚插入的文本域的属性进行设置，如图 8-25 所示。转换到该网页所链接的外部 CSS 样式表文件中，创建名为 #upass 的 CSS 样式，如图 8-26 所示。

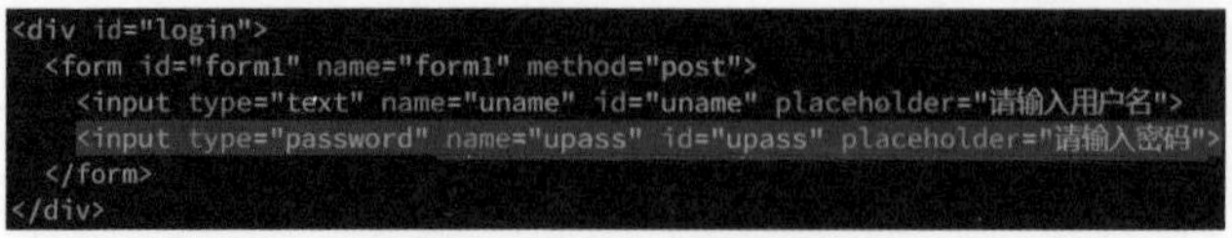

```
<div id="login">
  <form id="form1" name="form1" method="post">
    <input type="text" name="uname" id="uname" placeholder="请输入用户名">
    <input type="password" name="upass" id="upass" placeholder="请输入密码">
  </form>
</div>
```

图 8-25　添加属性设置代码

```
#upass {
    width: 300px;
    height: 40px;
    border: solid 1px #CCCCCC;
    line-height: 40px;
    padding-left: 10px;
    margin-bottom: 20px;
}
```

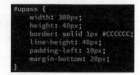

图 8-26　CSS 样式代码

Step 06 返回设计页面中，可以看到应用 CSS 样式后的密码域效果，如图 8-27 所示。光标移至密码域之后，按 Shift+Enter 组合键，插入换行符，输入相应的文字，如图 8-28 所示。

图 8-27 密码域效果　　　　　　　　　　图 8-28 插入换行符并输入文字

Step 07 将鼠标光标移至文字之后，按 Shift+Enter 组合键，插入换行符，单击"插入"面板中的"图像按钮"按钮，如图 8-29 所示，弹出"选择图像源文件"对话框，选择需要作为图像按钮的图像，如图 8-30 所示。

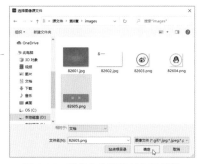

图 8-29 单击"图像按钮"按钮　　　　　图 8-30 选择作为图像按钮的图像

Step 08 单击"确定"按钮，即可在光标所在位置插入图像按钮，如图 8-31 所示。转换到代码视图，可以看到刚插入的图像按钮的 HTML 代码，修改图像按钮的 ID 名称为 btn，如图 8-32 所示。

图 8-31 插入图像按钮　　　　　　　　　图 8-32 图像按钮的 HTML 代码

Step 09 转换到该网页所链接的外部 CSS 样式表文件中，创建名为 #btn 的 CSS 样式，如图 8-33 所示。返回设计页面中，可以看到应用 CSS 样式后的图像按钮效果，如图 8-34 所示。

图 8-33 CSS 样式代码　　　　　　　　　图 8-34 图像按钮效果

Step 10 完成该登录表单的制作，保存页面并保存外部 CSS 样式表文件，在浏览器中预览页面，效果如图 8-35 所示。可以在文本域和密码域中输入相应的内容，如图 8-36 所示。

图 8-35　预览登录表单页面效果　　　　图 8-36　在文本域和密码域中输入内容

8.2.7　文本区域

如果用户需要输入大量的内容，单行文本框显然无法完成，需要用到文本区域。通常在一些注册页面中看到的用户注册协议就是使用文本区域制作的。

如果需要插入文本区域，只需要在"插入"面板的"表单"选项卡中单击"文本区域"按钮，如图 8-37 所示，即可在光标所在位置插入文本区域，显示效果如图 8-38 所示。转换到代码视图中，可以看到文本区域的 HTML 代码，如图 8-39 所示。

图 8-37　单击相应按钮　　图 8-38　文本区域显示效果　　图 8-39　文本区域的 HTML 代码

文本区域的基本语法如下：

```
<textarea cols="宽度" rows="行数"></textarea>
```

<textarea> 与 </textarea> 之间的内容为文本区域中显示的初始文本内容。文本区域的常用属性有 cols（列）和 rows（行）。cols 属性设定文本区域的宽度，rows 属性设定文本区域的具体行数。

> **提示**
>
> 在文本区域 <textarea> 标签中可以通过 wrap 属性控制文本的换行方法。该属性的值有 off、virtual 和 phisical。off 值代表字符输入超过文本框宽度时不会自动换行；virtual 值和 phicical 值都是自动换行，不同的是 virtual 值输出的数据在自动换行处没有换行符号，phisical 值输出的数据在自动换行处有换行符号。

8.2.8　文件域

文件域可以让用户在域的内部填写文件路径，然后通过表单上传，这是文件域的基本功能。有时要求用户将文件提交给网站，如 **Office** 文档、浏览者的个人照片或者其他类型的文件，这时就要用到文件域。

如果需要插入文件域，只需要在"插入"面板的"表单"选项卡中单击"文件"按钮，如图 8-40 所示，即可在光标所在位置插入文件域，显示效果如图 8-41 所示。转换到代码视图中，可以看到文件域的 **HTML** 代码，如图 8-42 所示。

图 8-40　单击"文件"按钮

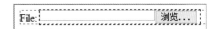

图 8-41　文件域显示效果

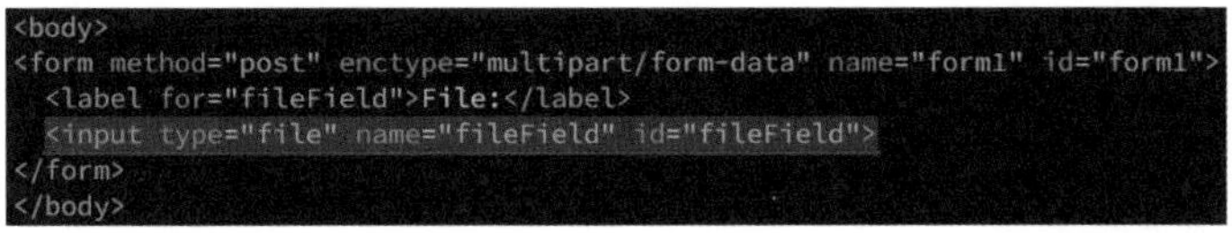

```
<body>
<form method="post" enctype="multipart/form-data" name="form1" id="form1">
  <label for="fileField">File:</label>
  <input type="file" name="fileField" id="fileField">
</form>
</body>
```

图 8-42　文件域的 HTML 代码

文件域的基本语法如下：

```
<input type="file" name="fileField">
```

文件域是由一个文本框和一个"浏览"按钮组成的。浏览者可以通过表单的文件域上传指定的文件。用户既可以在文件域的文本框中输入一个文件的路径，也可以单击文件域的"浏览"按钮来选择一个文件，当访问者提交表单时，这个文件将被上传。

8.2.9　隐藏域

隐藏域在网页中起着非常重要的作用，它可以存储用户输入的信息，如姓名、电子邮件地址或常用的查看方式，在用户下次访问该网站的时候将使用这些数据，但是用户在浏览页面的过程中是看不到隐藏域的，只有在页面的 **HTML** 代码中才可以看到。

很多时候传给程序的数据不需要用户填写，这种情况下通常采用隐藏域传递数据。

在"插入"面板的"表单"选项卡中单击"隐藏"按钮，如图 8-43 所示，即可在光标所在位置插入隐藏域。转换到代码视图中，可以看到隐藏域的 **HTML** 代码，如图 8-44 所示。

隐藏域的基本语法如下：

```
<input type="hidden" name="hiddenField" value="数据">
```

隐藏域在页面中不可见，但是可以装载和传输数据。

图 8-43　单击"隐藏"按钮

图 8-44　隐藏域的 HTML 代码

8.2.10　选择域

选择域的功能与复选框和单选按钮的功能差不多，都可以列举出很多选项供用户选择，其最大的好处就是可以在有限的空间内为用户提供更多的选项，非常节省版面。其中列表提供一个滚动条，它使用户能浏览许多选项，并进行多重选择；下拉菜单默认仅显示一个项，该选项为活动选项，用户可以单击打开菜单，但只能选择其中一项。

如果需要插入文件域，只需要在"插入"面板的"表单"选项卡中单击"选择"按钮，如图 8-45 所示，即可在光标所在位置插入选择域，显示效果如图 8-46 所示。转换到代码视图中，可以看到选择域的 HTML 代码，如图 8-47 所示。

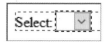

图 8-45　单击"选择"按钮　　图 8-46　选择域显示效果　　　图 8-47　选择域的 HTML 代码

插入选择域的基本语法如下：

```
<select>
  <option>列表值</option>
</select>
```

网页的表单提供了选择域控件，其标签为 <select></select>，该标签是普通标签，需要有结束标签。在选择域标签 <select> 与 </select> 之间需要通过 <option> 标签来添加数据项。<select></select> 标签如果加上 multiple 属性，选择域即呈现出菜单控件。无论是下拉列表还是菜单，数据选项 <option></option> 的 select 属性都可指示初始值。

8.2.11　单选按钮和单选按钮组

单选按钮可以作为一个组使用，提供彼此排斥的选项值，用户在单选按钮组中只能选择一个选项。

在"插入"面板的"表单"选项卡中单击"单选按钮"按钮，如图 8-48 所示，即可在光标所在位置插入单选按钮，显示效果如图 8-49 所示。转换到代码视图中，可以看到单选按钮的 HTML 代码，如图 8-50 所示。

图 8-48　单击相应按钮　　图 8-49　单选按钮效果　　　图 8-50　单选按钮的 HTML 代码

　　如果希望一次插入多个单选按钮选项，可以在"插入"面板的"表单"选项卡中单击
"单选按钮组"按钮，如图 8-51 所示，弹出"单选按钮组"对话框，在该对话框中可以对所
要插入的单选按钮选项进行设置，如图 8-52 所示。单击"确定"按钮，即可一次插入多个单
选按钮选项，如图 8-53 所示。

图 8-51　单击相应按钮　　　　图 8-52　"单选按钮组"对话框　　图 8-53　多个单选按
钮选项

　　单选按钮的基本语法如下：

```
<input type="radio" name="radio" checked="checked">
```

　　为了保证多个单选按钮属于同一组，一组中每个单选按钮都需要具有相同的 name 属性
值，操作时在单选按钮组中只能选定一个单选按钮。

8.2.12　复选框和复选框组

　　为了让浏览者更快捷地在表单中填写数据，表单提供了复选框元素，浏览者可以在复选
框中勾选一项或多项。

　　在"插入"面板的"表单"选项卡中单击"复选框"按钮，如图 8-54 所示，即可在光
标所在位置插入复选框，显示效果如图 8-55 所示。转换到代码视图中，可以看到复选框的
HTML 代码，如图 8-56 所示。

　　如果希望一次插入多个复选框选项，可以在"插入"面板的"表单"选项卡中单击"复
选框组"按钮，如图 8-57 所示，弹出"复选框组"对话框，在该对话框中可以对所要插入的
复选框选项进行设置，如图 8-58 所示。单击"确定"按钮，即可一次插入多个复选框选项，
如图 8-59 所示。

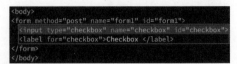

图 8-54　单击相应按钮　　图 8-55　复选框效果　　　　图 8-56　复选框的 HTML 代码

图 8-57　单击相应按钮　　　图 8-58　"复选框组"对话框　　　图 8-59　多个复选
框选项

复选框的基本语法如下：

```
<input type="checkbox" checked="checked" value="选项值">
```

在网页中插入的复选框，默认状态下是没有被选中的，如果希望复选框默认就是选中状态，可以在复选框的 <input> 标签中添加 checked 属性设置。

8.2.13　【课堂任务】：制作注册页面

素材文件：源文件 \ 第 8 章 \8-2-13.html　　案例文件：最终文件 \ 第 8 章 \8-2-13.html
案例要点：掌握各种表单元素的创建和设置

Step01 执行"文件>打开"命令，打开页面"源文件 \ 第 8 章 \8-2-13.html"，效果如图 8-60所示。将鼠标光标移至页面中名为 reg 的 Div 中，将多余的文本删除，单击"插入"面板中的"表单"按钮，插入表单域，如图 8-61 所示。

图 8-60　打开页面　　　　　　　　　　图 8-61　插入表单域

Step02 将鼠标光标移至表单域中，单击"插入"面板的"段落"按钮，转换到代码视图，可以看到插入的段落代码，如图 8-62 所示。转换到外部 CSS 样式表文件中，创建名为 #reg p 的 CSS 样式，如图 8-63 所示。

```
<div id="title">新用户注册</div>
<div id="reg">
  <form id="form1" name="form1" method="post">
    <p> </p>
  </form>
</div>
```

```
#reg p {
    padding-top: 10px;
    padding-bottom: 10px;
    height: auto;
    overflow: hidden;
    border-bottom: dashed 1px #CCC;
}
```

　　图 8-62　插入段落　　　　　　　　　图 8-63　CSS 样式代码

Step03 返回设计视图，将鼠标光标移至段落中，单击"插入"面板中的"文本"按钮，插入文本域，修改提示文字，如图 8-64 所示。转换到代码视图中，对刚插入的文本域的相关属性进行设置，如图 8-65 所示。

```
<form id="form1" name="form1" method="post">
  <p>
    <label for="uname">用户名: </label>
    <input type="text" name="uname" id="uname" placeholder="请输入用户名" required>
  </p>
</form>
```

　　图 8-64　插入文本域　　　　　　　　　图 8-65　添加属性设置代码

Step04 转换到外部 CSS 样式表文件中，创建名为 .input01 和名为 .font01 的类 CSS 样式，如图 8-66 所示。返回网页 HTML 代码中，为相应的文字应用名为 font01 的类 CSS 样式，为刚插入的文本域应用名为 input01 的类 CSS 样式，如图 8-67 所示。

```
.input01 {
    width: 200px;
    height: 25px;
    line-height: 25px;
    border: solid 1px #CCC;
    float: left;
}
.font01 {
    display: block;
    float: left;
    width: 100px;
    text-align: right;
}
```

```
<form id="form1" name="form1" method="post">
  <p>
    <label for="uname" class="font01">用户名: </label>
    <input type="text" name="uname" id="uname" placeholder="请输入用户名" required class="input01">
  </p>
</form>
```

　　图 8-66　CSS 样式代码　　　　　　　　图 8-67　为网页元素应用类 CSS 样式

Step05 返回设计视图，可以看到文本域的效果，如图 8-68 所示。将鼠标光标移至文本域之后，输入相应的文字，如图 8-69 所示。

　　图 8-68　文本域效果　　　　　　　　　图 8-69　输入文字

Step06 转换到外部样式表文件中，创建名为 .red 的类 CSS 样式，如图 8-70 所示。返回网页代码视图，为相应的文字添加 <span> 标签，在 <span> 标签中添加 class 属性，应用名为 red 的类 CSS 样式，如图 8-71 所示。

```
<form id="form1" name="form1" method="post">
    <p>
        <label for="uname" class="font01">用户名: </label>
        <input type="text" name="uname" id="uname" placeholder="请输入用户
名" required class="input01">
        <span class="red">*</span> 用户名是您以后登录所用的账号,可以有字母a-z或
数字组成。
    </p>
</form>
```

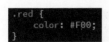

图 8-70　CSS 样式代码　　　　　　　　图 8-71　为文字应用类 CSS 样式

Step07 返回设计视图,将鼠标光标移至刚输入的文字后,按 Enter 键,可以插入下一个段落,如图 8-72 所示。单击"插入"面板中的"电子邮件"按钮,插入电子邮件,修改提示文字,如图 8-73 所示。

图 8-72　插入段落　　　　　　　　　　图 8-73　插入电子邮件元素

Step08 返回代码视图,对刚插入的电子邮件表单元素的相关属性进行设置,如图 8-74 所示。在刚插入的表单元素后输入相应的文字,并分别为电子邮件表单元素和相应的文字应用相应的类 CSS 样式,如图 8-75 所示。

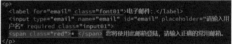

图 8-74　添加属性设置代码　　　　　　图 8-75　为网页元素应用类 CSS 样式

Step09 返回设计视图,可以看到刚制作的电子邮件表单元素的效果,如图 8-76 所示。用相同的制作方法,可以制作出相似的注册项,如图 8-77 所示。

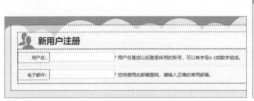

图 8-76　表单元素显示效果　　　　　　图 8-77　制作出相似的表单元素

Step10 将鼠标光标移至"确认密码:"表单元素之后,按 Enter 键,插入一个段落,输入相应的文字,并为文字应用名为 font01 的类 CSS 样式,效果如图 8-78 所示。单击"插入"面板中的"单选按钮组"按钮,弹出"单选按钮组"对话框,设置如图 8-79 所示。

图 8-78　插入换行符并输入文字　　　　　　　　　图 8-79　"单选按钮组"对话框

Step 11 单击"确定"按钮，插入单选按钮组，并将多余的换行符删除，效果如图 8-80 所示。返回代码视图，在"男"选项的表单元素标签中添加 checked 属性，将该单选按钮选项设置为默认选中状态，如图 8-81 所示。

图 8-80　插入单选按钮选项　　　　　　　　　图 8-81　添加属性设置代码

Step 12 返回设计视图，将鼠标光标移至"性别："注册项之后，按 Enter 键，插入一个段落，单击"插入"面板中的"选择"按钮，插入选择域，修改提示文字，如图 8-82 所示。返回代码视图，在刚插入的选择域表单标签之间添加 <option> 标签，添加相应的列表选项，如图 8-83 所示。

图 8-82　插入选择表单元素　　　　　　　　　图 8-83　添加列表选项

Step 13 返回设计视图，在刚插入的选择域之后再插入一个选择域并输入相应的文字，效果如图 8-84 所示。切换到外部 CSS 样式表文件中，创建名为 .input02 的类 CSS 样式，如图 8-85 所示。

Step 14 返回代码视图，为选择表单元素应用名为 input02 的类 CSS 样式，为其他文字分别应用相应的类 CSS 样式，如图 8-86 所示。返回设计视图，可以看到选择表单元素的效果，如图 8-87 所示。

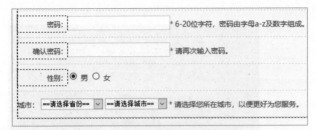

图 8-84　插入选择表单元素并输入文字

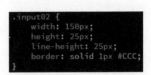

```
.input02 {
    width: 150px;
    height: 25px;
    line-height: 25px;
    border: solid 1px #CCC;
}
```

图 8-85　CSS 样式代码

```
<p>
  <label for="select" class="font01">城市: </label>
  <select name="select" id="select" class="input02">
      <option>==请选择省份==</option>
  </select>
  <select name="select2" id="select2" class="input02">
      <option>==请选择城市==</option>
  </select>
  <span class="red">*</span> 请选择您所在城市，以便更好为您服务。
</p>
```

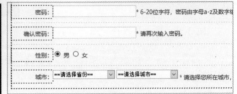

图 8-86　应用类 CSS 样式

图 8-87　页面效果

Step 15 使用相同的制作方法，可以完成其他注册表单项的制作，效果如图 8-88 所示。将鼠标光标移至“《服务协议》”文字之后，按 Enter 键，插入一个段落，单击“插入”面板中的“图像按钮”按钮，弹出“选择图像源文件”对话框，选择需要作为图像按钮的图像，如图 8-89 所示。

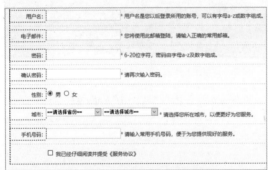

图 8-88　完成其他表单项的制作

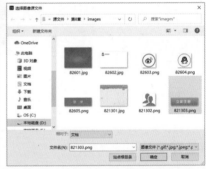

图 8-89　选择需要作为图像按钮的图像

Step 16 单击“确定”按钮，插入图像按钮，效果如图 8-90 所示。转换到外部 CSS 样式表文件中，创建名为 .btn01 的类 CSS 样式，如图 8-91 所示。

图 8-90　插入图像按钮

```
.btn01 {
    margin-left: 100px;
}
```

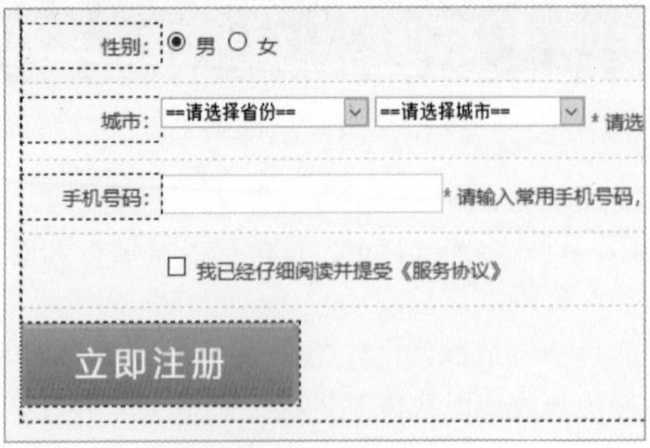

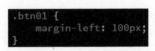

图 8-91　CSS 样式代码

Step 17 返回代码视图，为刚插入的图像按钮应用名为 btn01 的类 CSS 样式，如图 8-92 所示。返回设计视图，可以看到应用 CSS 样式后的图像按钮效果，如图 8-93 所示。

图 8-92　应用类 CSS 样式　　　　　　　　图 8-93　页面效果

Step 18 完成该注册表单页面的制作，保存页面并保存外部 CSS 样式表文件，在浏览器中预览该页面，效果如图 8-94 所示。可以在各表单元素中填充相应的内容，如图 8-95 所示。

图 8-94　预览注册表单页面效果　　　　　　图 8-95　在表单元素中输入内容

8.3 HTML5 表单元素的应用

Dreamweaver 为了适应 HTML5 的发展，新增了许多全新的 HTML5 表单元素。HTML5 不但增加了一系列功能性的表单、表单元素和表单特性，还增加了自动验证表单的功能。本节将介绍 HTML5 表单元素在网页中的应用。

8.3.1　电子邮件

新增的"电子邮件"表单元素是专门为输入 E-mail 地址而定义的文本框，主要是为了验证输入的文本是否符合 E-mail 地址的格式。

在"插入"面板的"表单"选项卡中单击"电子邮件"按钮，如图 8-96 所示，即可在光标位置插入电子邮件表单元素，显示效果如图 8-97 所示。转换到代码视图中，可以看到电子邮件表单元素的 HTML 代码，如图 8-98 所示。

E-mail 表单类型的使用方法如下：

```
<input type="email" name="myEmail" id=" myEmail" value="xxxxxx@163.
com">
```

此外 E-mail 类型的 input 元素还有一个 **multiple** 属性，表示在该文本框中可输入用逗号隔开的多个邮件地址。

图 8-96　单击相应按钮　　图 8-97　电子邮件效果　　图 8-98　电子邮件表单元素的 HTML 代码

8.3.2　Url

Url 表单元素是专门为输入的 Url 地址进行定义的文本框，在验证输入的文本格式时，如果该文本框中的内容不符合 Url 地址的格式，会提示验证错误。

在"插入"面板的"表单"选项卡中单击 Url 按钮，如图 8-99 所示，即可在光标位置插入 Url 表单元素，显示效果如图 8-100 所示。转换到代码视图中，可以看到 Url 表单元素的 HTML 代码，如图 8-101 所示。

图 8-99　单击 Url 按钮　　图 8-100　Url 元素显示效果　　图 8-101　Url 表单元素的 HTML 代码

8.3.3　Tel

Tel 类型的表单元素是专门为输入电话号码而定义的文本框，没有特殊的验证规则。

在"插入"面板的"表单"选项卡中单击 Tel 按钮，如图 8-102 所示，即可在光标位置插入 Tel 表单元素，显示效果如图 8-103 所示。转换到代码视图中，可以看到 Tel 表单元素的 HTML 代码，如图 8-104 所示。

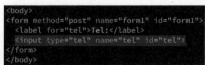

图 8-102　单击 Tel 按钮　　图 8-103　Tel 元素显示效果　　图 8-104　Tel 表单元素的 HTML 代码

8.3.4 搜索

"搜索"表单元素是专门为输入搜索引擎关键词而定义的文本框，没有特殊的验证规则。

在"插入"面板的"表单"选项卡中单击"搜索"按钮，如图 8-105 所示，即可在光标位置插入搜索表单元素，显示效果如图 8-106 所示。转换到代码视图中，可以看到搜索表单元素的 HTML 代码，如图 8-107 所示。

图 8-105 单击"搜索"按钮　图 8-106 搜索元素显示效果　图 8-107 搜索表单元素的 HTML 代码

8.3.5 数字

"数字"表单元素是专门为输入特定的数字而定义的文本框，具有 min、max 和 step 特性，表示允许范围的最小值、最大值和调整步长。

在"插入"面板的"表单"选项卡中单击"数字"按钮，如图 8-108 所示，即可在光标位置插入数字表单元素，显示效果如图 8-109 所示。

图 8-108 单击"数字"按钮　　　　图 8-109 数字表单元素显示效果

在 Number 文本框后插入一个"提交"按钮，如图 8-110 所示。转换到代码视图中，可以看到表单元素的 HTML 代码，如图 8-111 所示。

图 8-110 插入提交按钮　　　　　图 8-111 表单元素 HTML 代码

为 Number 表单元素添加相应的属性设置代码，如图 8-112 所示。保存页面，在浏览器中预览页面，在 Number 表单元素中输入一个超出范围的数字，单击"提交"按钮，"数字表单元素"会显示相应的验证提示，如图 8-113 所示。

图 8-112　添加属性设置代码　　　　　　图 8-113　显示验证提示

8.3.6　范围

　　"范围"表单元素是将输入框显示为滑动条，作用是作为某一特定范围内的数值选择器。"范围"表单元素和 Number 表单元素一样，具有 min 和 max 特性，表示选择范围的最小值（默认为 0）和最大值（默认值为 100），也具有 step 特性，表示拖动步长（默认为 1）。

　　在"插入"面板的"表单"选项卡中单击"范围"按钮，如图 8-114 所示，即可在光标位置插入"范围"表单元素，显示效果如图 8-115 所示。

　　转换到代码视图中，可以看到"范围"表单元素的 HTML 代码，在该表单元素中添加相应的属性设置代码，如图 8-116 所示。保存页面，在浏览器中预览页面，"范围"表单元素显示为一个滑块，可以通过滑块选择相应的值，如图 8-117 所示。

图 8-114　单击"范围"按钮　图 8-115　范围表单元素显示效果

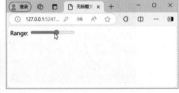

图 8-116　添加属性设置代码　　　　　　图 8-117　范围表单元素显示效果

8.3.7　颜色

　　"颜色"表单元素应用于网页中会默认提供一个颜色选择器，大部分高版本的浏览器都已经能够支持"颜色"表单元素，但不同浏览器中通过"颜色"表单元素实现的颜色选择器会存在差异。

　　在"插入"面板的"表单"选项卡中单击"颜色"按钮，如图 8-118 所示，即可在页面中光标所在位置插入"颜色"表单元素，转换到代码视图，可以看到"颜色"表单元素的代码，如图 8-119 所示。

　　在浏览器中预览页面，可以看到"颜色"表单元素的效果，如图 8-120 所示。单击"颜色"表单元素的颜色块，弹出"颜色"对话框，可以选择颜色，如图 8-121 所示。选中颜色后，单击"确定"按钮，如图 8-122 所示。

图 8-118　单击"颜色"按钮

图 8-119　颜色表单元素 HTML 代码

图 8-120　颜色表单元素效果

图 8-121　"颜色"对话框

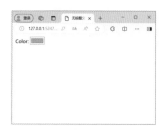

图 8-122　颜色表单元素效果

8.3.8　时间和日期相关表单元素

HTML5 中所提供的时间和日期表单元素都会在网页中提供一个对应的时间选择器,在网页中既可以在文本框中输入精确的时间和日期,也可以在选择器中选择时间和日期。

在 Dreamweaver 中,插入"月"表单元素,网页会提供一个"月"选择器;插入"周"表单元素,会提供一个"周"选择器;插入"日期"表单元素,会提供一个"日期"选择器;插入"时间"表单元素,会提供一个"时间"选择器;插入"日期时间"表单元素,会提供一个完整的日期和时间(包含时区)的选择器;插入"日期时间(当地)"表单元素,会提供完整的日期和时间(不包含时区)选择器。

在"插入"面板的"表单"选项卡中单击各种类型的时间和日期表单按钮,如图 8-123 所示,即可在网页中插入相应的时间和日期表单元素。切换到代码视图,可以看到各日期和时间表单元素的代码,如图 8-124 所示。

图 8-123　日期时间相关按钮

```
<form method="post" name="form1" id="form1">
  <p>
    <label for="month">Month:</label>
    <input type="month" name="month" id="month">
  </p>
  <p>
    <label for="week">Week:</label>
    <input type="week" name="week" id="week">
  </p>
  <p>
    <label for="date">Date:</label>
    <input type="date" name="date" id="date">
  </p>
  <p>
    <label for="time">Time:</label>
    <input type="time" name="time" id="time">
  </p>
  <p>
    <label for="datetime">DateTime:</label>
    <input type="datetime" name="datetime" id="datetime">
  </p>
  <p>
    <label for="datetime-local">DateTime-Local:</label>
    <input type="datetime-local" name="datetime-local" id="datetime-local">
  </p>
</form>
```

图 8-124　日期和时间表单元素代码

在 Chrome 浏览器中预览页面，可以看到 HTML5 中时间和日期表单元素的效果，如图 8-125 所示。可以通过在文本框中输入时间和日期或者在不同类型的时间和日期选择器中选择时间和日期，如图 8-126 所示。

图 8-125　在浏览器中预览效果　　　　　图 8-126　日期选择器效果

8.3.9　【课堂任务】：制作留言表单页面

素材文件：源文件 \ 第 8 章 \8-3-9.html　　案例文件：最终文件 \ 第 8 章 \8-3-9.html
案例要点：掌握 HTML5 表单元素的插入和设置

Step 01 执行"文件 > 打开"命令，打开页面"源文件 \ 第 8 章 \8-3-9.html"，页面效果如图 8-127 所示。将鼠标光标移至页面的 <p> 标签内，将多余的文字删除，在"插入"面板的"表单"选项卡中单击"文本"按钮，如图 8-128 所示。

图 8-127　页面效果　　　　　　　　图 8-128　单击"文本"按钮

Step 02 在鼠标光标所在位置插入一个文本域，光标移至刚插入的文本域前，修改相应的文字，如图 8-129 所示。转换到代码视图中，对刚插入的文本域的相关属性进行设置，如图 8-130 所示。

图 8-129　插入文本域　　　　　　　　图 8-130　设置文本域属性

Step03 转换到外部 CSS 样式表文件中，创建名为 #uname 的 CSS 样式，如图 8-131 所示。返回网页设计视图中，可以看到文本域的效果，如图 8-132 所示。

图 8-131 CSS 样式代码

图 8-132 文本域效果

Step04 将鼠标光标移至刚插入的文本域后，按 Enter 键，插入段落，如图 8-133 所示。在"插入"面板的"表单"选项卡中单击"电子邮件"按钮，如图 8-134 所示。

图 8-133 插入段落

图 8-134 单击"电子邮件"按钮

Step05 在网页中插入"电子邮件"表单元素，修改相应的提示文字，如图 8-135 所示。转换到代码视图中，对刚插入的"电子邮件"表单元素的相关属性进行设置，如图 8-136 所示。

图 8-135 插入电子邮件表单元素

图 8-136 设置电子邮件表单元素属性

Step06 转换到外部 CSS 样式表文件中，创建名为 #email 的 CSS 样式，如图 8-137 所示。返回网页设计视图中，可以看到"电子邮件"表单元素的效果，如图 8-138 所示。

图 8-137 CSS 样式代码

图 8-138 电子邮件表单元素效果

Step07 使用相同的方法在网页中插入其他表单元素，并创建相应的 CSS 样式，效果如图 8-139 所示。保存页面，在浏览器中预览页面，可以看到页面中表单元素的效果，如图 8-140 所示。

图 8-139　插入其他表单元素

图 8-140　在浏览器中预览页面效果

Step08 在网页所呈现的表单中依据提示填入相应信息，当"姓名"和"电子邮件"为空时，单击"提交"按钮，会弹出相应的提示信息，如图 8-141 所示。当电子邮件地址格式错误时，单击"提交"按钮，会提示电子邮件地址有误，如图 8-142 所示。

图 8-141　必填项提示

图 8-142　电子邮件地址有误提示

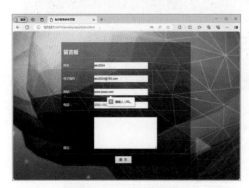

图 8-143　Url 地址有误提示

Step09 如果在 Url 表单元素中填写的 Url 地址格式不正确，单击"提交"按钮，会提示 Url 地址有误，如图 8-143 所示。

提示

Url 表单元素要求所输入的内容必须是包含协议的完整 Url 地址，如 http://www.xxx.com 或 ftp://129.0.0.1 等。

8.4 本章小结

在网页设计中，表单扮演着举足轻重的角色，它作为用户与网页交互的桥梁，负责收集并传递关键的用户信息。深入掌握表单的相关知识，对于构建一个功能完善且用户友好的网页至关重要。通过本章的学习，读者将能够深刻理解表单在网页中的核心作用，并熟练掌握各种表单元素的实用功能及其创建方法。同时掌握使用 CSS 样式对表单元素进行精细的美化设计，以提升用户界面的视觉吸引力和操作体验。

8.5　课后练习

完成本章内容的学习后，接下来通过课后练习，检测读者对本章内容的学习效果，同时加深对所学知识的理解。

一、选择题

1. 许多表单元素都使用 \<input\> 标签，在 \<input\> 标签中通过 type 属性设置，从而表现为不同的表单元素，如果需要表单元素表现为文本域，则需要设置 type 属性值为（　　　）。

A. text　　　　　　　　B. password　　　　　　C. button　　　　　　D. file

2. 在 \<input\> 标签中设置 type 属性值为（　　　），可以表现为密码域。

A. text　　　　　　　　B. password　　　　　　C. button　　　　　　D. file

3. 以下哪段代码是提交按钮？（　　　）

A. \<input type="button" value=" 按钮名称 "\>

B. \<input type="image" src=" 图片路径 "\>

C. \<input type="reset" value=" 按钮名称 "\>

D. \<input type="submit" value=" 按钮名称 "\>

4. 以下哪段代码是图像按钮？（　　　）

A. \<input type="button" value=" 按钮名称 "\>

B. \<input type="image" src=" 图片路径 "\>

C. \<input type="reset" value=" 按钮名称 "\>

D. \<input type="submit" value=" 按钮名称 "\>

5. 在 \<input\> 标签中添加（　　　）属性设置，可以将该表单元素设置为必填项。

A. plachholder　　　　B. required　　　　　　C. form　　　　　　D. type

二、填空题

1. ＿＿＿＿＿＿＿是表单中必不可少的一项元素，制作表单页面的第一步就是插入＿＿＿＿＿＿＿＿。

2. 网页的表单提供了选择域控件，其标签＿＿＿＿＿＿＿，且其子项＿＿＿＿＿＿＿为数据选项。

3. HTML5 新增的＿＿＿＿＿＿表单元素是专门为输入 E-mail 地址而定义的文本框，主要是为了验证输入的文本是否符合 E-mail 地址的格式，会提示验证错误。

4. ＿＿＿＿＿＿＿属性是 HTML5 新建的表单元素属性，当用户还没有把焦点定位到输入文本框时，可以使用该属性向用户提示描述的信息。

5. 数字表单元素是专门为输入特定的数字而定义的文本框，具有＿＿＿＿＿＿、＿＿＿＿＿＿ 和＿＿＿＿＿＿＿特性，表示允许范围的最小值、最大值和调整步长。

三、简答题

简单描述网页中表单的作用是什么。

第9章
网站综合案例

在前面的章节中，通过知识点讲解与案例练习相结合的方式讲解了 Dreamweaver CC 的主要功能，要想熟练掌握使用 Dreamweaver 制作网站页面，大量的练习是非常有必要的，本章将通过 3 类商业网站案例的制作练习，巩固使用 Dreamweaver 制作网站页面的方法和技巧。

学习目标

1. 知识目标
- 理解并掌握 CSS 样式的编写。
- 掌握 HTML 代码的编写。
- 掌握 Dreamweaver 制作网站页面的方法。

2. 能力目标
- 能够掌握 Div+CSS 布局制作网站页面的方法和技巧。
- 能够熟练使用 Dreamweaver 中的各种功能和技巧。
- 能够掌握不同类型网站页面的制作。

3. 素质目标
- 树立科学的世界观、人生观和价值观。
- 具备健康的身体和心理素质，能够承受学习和工作的压力。

9.1 制作企业宣传网站

企业网站不仅承载着塑造企业独特形象的重任，更肩负着展示和宣扬企业核心产品的使命。企业网站页面旨在让访客一目了然地把握企业的核心价值和业务范畴，从而对企业有一个全面而深入的了解。企业网站页面的整体布局追求的是一种大气而不失简约的风格，不仅凸显了企业的专业性和严谨性，也确保了信息的清晰传达，让访客能够迅速捕捉到关键信息。这种布局方式不仅符合现代审美趋势，更能凸显企业网站作为一个信息交流平台在企业和访客之间搭建沟通的桥梁作用。

9.1.1 设计分析

本实例制作一个企业网站页面，该企业是一家建筑、节能和新能源科技公司，页面整体设计风格简洁大方，以蓝天白云的素材图像作为背景，突出绿色、节能、低碳和环保的企业理念，黄色作为突出元素，形成鲜明的视觉对比。页面布局清晰，信息展示有序，易于浏览者快速获取所需信息。整体来说，该网站页面设计符合企业的主题和定位，为企业的发展提供了有力的支持。

9.1.2　布局分析

该企业网站页面采用上、中、下的布局方式，使得页面内容的表现规整、清晰。页面顶部通过通栏的半透明黑色背景来突出导航菜单的表现，中间部分为页面的正文内容，在该部分又通过多栏布局的方式来表现不同的栏目内容，页面底部同样采用了通栏的灰色背景色块来表现版底信息内容，与顶部的导航背景相呼应。图 9-1 所示为本实例制作的企业网站页面的最终效果。

图 9-1　页面最终效果

9.1.3　制作步骤

素材文件：无　　案例文件：最终文件 \ 第 9 章 \9-1.html
案例要点：掌握 Div+CSS 网站布局制作的综合应用

Step 01 执行"文件 > 新建"命令，弹出"新建文档"对话框，新建一个空白的 HTML 页面，如图 9-2 所示，将其保存为"源文件 \ 第 9 章 \9-1.html"。新建外部 CSS 样式表文件，如图 9-3 所示，将其保存为"源文件 \ 第 9 章 \style\9-1.css"。

图 9-2　新建 HTML 页面　　　　　　　　图 9-3　新建 CSS 样式表文件

Step 02 转换到 HTML 页面中，在 <head> 与 </head> 标签之间添加 <link> 标签，链接到外

部 CSS 样式表文件，如图 9-4 所示。转换到该网页所链接的外部 CSS 样式表文件中，创建通配符和 body 标签的 CSS 样式，如图 9-5 所示。

```
<!doctype html>
<html>
<head>
<meta charset="utf-8">
<title>企业类网站页面</title>
<link href="style/11-1.css" rel="stylesheet" type="text/css">
</head>

<body>
</body>
</html>
```

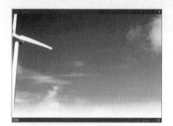

图 9-4　添加链接外部 CSS 样式表代码

```
* {
    margin: 0px;
    padding: 0px;
}
body {
    font-family: 微软雅黑;
    font-size: 14px;
    line-height: 28px;
    background-image: url(../images/11101.jpg);
    background-repeat: no-repeat;
    background-position: center top;
}
```

图 9-5　CSS 样式代码

Step03 返回页面设计视图，可以看到页面的背景效果，如图 9-6 所示。在页面中插入名为 top-bg 的 Div，如图 9-7 所示。

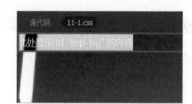

图 9-6　页面背景效果

图 9-7　在页面中插入 Div

提示

对于比较复杂的完整网站页面，建议代码与设计视图相结合，因为 Dreamweaver 的设计视图能够为用户提供实时的页面效果，非常方便。而在代码视图中，当页面 HTML 代码较多时，对代码不是很熟悉的用户很有可能会出错，所以，建议代码视图与设计视图相结合，在制作过程中随时查看页面效果。

Step04 转换到外部 CSS 样式表文件中，创建名为 #top-bg 的 CSS 样式，如图 9-8 所示。返回页面设计视图，可以看到页面的效果，如图 9-9 所示。

```
#top-bg {
    width: 100%;
    height: 85px;
    background-color: rgba(0,0,0,0.6);
    box-shadow: 0px 5px 10px rgba(51,51,51,0.5);
}
```

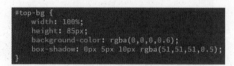

图 9-8　CSS 样式代码

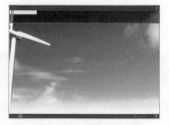

图 9-9　页面效果

Step05 将鼠标光标移至名为 top-bg 的 Div 中，将多余文字删除，在该 Div 中插入名为 top 的 Div，转换到外部 CSS 样式表文件中，创建名为 #top 的 CSS 样式，如图 9-10 所示。返回网页设计视图，可以看到页面中名为 top 的 Div 的效果，如图 9-11 所示。

Step06 将鼠标光标移至名为 top 的 Div 中，将多余文字删除，在该 Div 中插入名为 menu 的 Div，转换到外部 CSS 样式表文件中，创建名为 #menu 的 CSS 样式，如图 9-12 所示。返回网页设计视图，可以看到页面中名为 menu 的 Div 的效果，如图 9-13 所示。

图 9-10　CSS 样式代码

图 9-11　页面效果

图 9-12　CSS 样式代码

图 9-13　页面效果

Step 07 将鼠标光标移至名为 menu 的 Div 中，将多余文字删除，输入项目列表内容，如图 9-14 所示。转换到外部 CSS 样式表文件中，创建名为 #menu li 的 CSS 样式，如图 9-15 所示。

图 9-14　创建项目列表

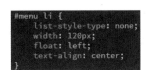

图 9-15　CSS 样式代码

Step 08 返回网页设计视图，可以看到页面导航菜单的效果，如图 9-16 所示。将鼠标光标移至名为 menu 的 Div 之后，插入图像 "源文件 \ 第 9 章 \images\9102.png"，如图 9-17 所示。

图 9-16　页面效果

图 9-17　插入图像

Step09 在名为 top-bg 的 Div 之后插入名为 box 的 Div，转换到外部 CSS 样式表文件中，创建名为 #box 的 CSS 样式，如图 9-18 所示。返回网页设计视图，可以看到页面中名为 box 的 Div 的效果，如图 9-19 所示。

图 9-18　CSS 样式代码　　　　　　　　　　图 9-19　页面效果

Step10 将鼠标光标移至名为 box 的 Div 中，将多余文字删除，在该 Div 中插入名为 help 的 Div，转换到外部 CSS 样式表文件中，创建名为 #help 的 CSS 样式，如图 9-20 所示。返回网页设计视图，可以看到页面中名为 help 的 Div 的效果，如图 9-21 所示。

图 9-20　CSS 样式代码　　　　　　　　　　图 9-21　页面效果

Step11 将鼠标光标移至名为 help 的 Div 中，将多余文字删除，输入相应的文字，如图 9-22 所示。转换到 HTML 代码中，在刚输入的文字中添加相应的 <span> 标签，如图 9-23 所示。

图 9-22　输入文字　　　　　　　　　　　　图 9-23　添加 <span> 标签

Step12 转换到外部 CSS 样式表文件中，创建名为 #help span 的 CSS 样式，如图 9-24 所示。返回网页设计视图，可以看到页面的效果，如图 9-25 所示。

图 9-24　CSS 样式代码　　　　　　　　　　图 9-25　页面效果

Step13 在名为 help 的 Div 之后插入名为 banner 的 Div，转换到外部 CSS 样式表文件中，创建名为 #banner 的 CSS 样式，如图 9-26 所示。返回网页设计视图，将名为 banner 的 Div 中的多余文字删除，插入图像"源文件 \ 第 9 章 \images\9104.png"，效果如图 9-27 所示。

Step14 在名为 banner 的 Div 之后插入名为 main 的 Div，转换到外部 CSS 样式表文件中，创建名为 #main 的 CSS 样式，如图 9-28 所示。返回网页设计视图，可以看到页面中名为 main

的 Div 的效果，如图 9-29 所示。

图 9-26　CSS 样式代码

图 9-27　页面效果

图 9-28　CSS 样式代码

图 9-29　页面效果

Step 15 将鼠标光标移至名为 main 的 Div 中，将多余文字删除，在该 Div 中插入名为 title1 的 Div，转换到外部 CSS 样式表文件中，创建名为 #title1 的 CSS 样式，如图 9-30 所示。返回网页设计视图，将名为 title1 的 Div 中的多余文字删除并输入相应的文字，如图 9-31 所示。

图 9-30　CSS 样式代码

图 9-31　页面效果

Step 16 在名为 title1 的 Div 之后插入名为 hot 的 Div，转换到外部 CSS 样式表文件中，创建名为 #hot 的 CSS 样式，如图 9-32 所示。返回网页设计视图，可以看到页面中名为 hot 的 Div 的效果，如图 9-33 所示。

图 9-32　CSS 样式代码

图 9-33　页面效果

Step 17 将鼠标光标移至名为 hot 的 Div 中，将多余文字删除，在该 Div 中插入名为 pic1 的 Div，转换到外部 CSS 样式表文件中，创建名为 #pic1 的 CSS 样式，如图 9-34 所示。返回网页设计视图，将名为 pic1 的 Div 中的多余文字删除，插入相应的图像并输入文字，如图 9-35 所示。

图 9-34　CSS 样式代码　　　　　　　　　　图 9-35　页面效果

Step 18 使用相同的制作方法，在名为 pic1 的 Div 之后依次插入名为 pic2 和 pic3 的 Div，在外部 CSS 样式表文件中定义相应的 CSS 样式，如图 9-36 所示。返回网页设计视图，完成该部分内容的制作，可以看到页面的效果，如图 9-37 所示。

图 9-36　CSS 样式代码　　　　　　　　　　图 9-37　页面效果

Step 19 在名为 hot 的 Div 之后插入名为 button 的 Div，转换到外部 CSS 样式表文件中，创建名为 #button 的 CSS 样式，如图 9-38 所示。返回网页设计视图，可以看到页面中名为 button 的 Div 的效果，如图 9-39 所示。

图 9-38　CSS 样式代码　　　　　　　　　　图 9-39　页面效果

Step 20 将鼠标光标移至名为 button 的 Div 中，将多余文字删除，单击"插入"面板中的"鼠标经过图像"按钮，在弹出对话框中进行设置，如图 9-40 所示。单击"确定"按钮，在光标所在位置插入鼠标经过图像，如图 9-41 所示。

图 9-40　"插入鼠标经过图像"对话框　　　　　图 9-41　页面效果

Step 21 使用相同的制作方法，在刚插入的图像后插入其他鼠标经过图像，转换到外部 CSS 样式表文件中，创建名为 #button img 的 CSS 样式，如图 9-42 所示。返回网页设计视图，可以看到页面的效果，如图 9-43 所示。

```
#button img {
    margin-left: 10px;
    margin-right: 10px;
}
```

图 9-42　CSS 样式代码　　　　　　　图 9-43　页面效果

Step 22 使用相同的制作方法，可以完成页面中其他部分内容的制作，可以看到页面的效果，如图 9-44 所示。保存 HTML 页面并保存外部 CSS 样式文件，在浏览器中预览页面，可以看到该企业网站页面的效果，如图 9-45 所示。

图 9-44　页面效果　　　　　图 9-45　在浏览器中预览页面效果

提示

该网站页面采用了 W3C 标准的 CSS 盒模型进行布局设计制作，整体上能够适配所有主流浏览器，在页面中为个别元素应用了 CSS 3.0 新增的 RGBA 颜色模式实现了半透明颜色，以及 box-Shadow 属性实现了元素的阴影效果。

9.2　制作房地产宣传网站

在房地产宣传网站页面的设计中，清新而充满活力的色彩交织，宛如新生的绿叶在阳光下熠熠生辉，为页面注入了源源不断的生命力。与此同时，精心挑选的图片与动画，既美观又赏心悦目，它们不仅仅是视觉的享受，更是对美好生活的向往和憧憬。浏览者在此不仅能够获得大方、简洁的视觉感受，更能深切地感受到楼盘的独特魅力。这种魅力在于它所传递的生活理念与价值观，让每位来访者都能在此找到心灵的归宿。

9.2.1　设计分析

本案例制作一个房地产网站页面，该网站页面采用了清新自然的设计风格，使用了大幅自然风景图片作为页面的背景，图片中的草地、晚霞表现出一派大自然的气息，寓意着房地产项目的自然与和谐。这种设计能够给浏览者带来一种放松和舒适的感觉，同时也与房地产行业的主题相契合。

9.2.2　布局分析

该网站页面采用满版式布局，使用大幅自然风景图片作为页面背景，页面中的内容较少，将页面内容叠加在背景上图上进行表现，并且将导航菜单放置在页面的下方，与页面主体内容相近，方便用户的操作。页面内容与图像的叠加处理使页面表现出较强的层次感。图 9-46 所示为本实例制作的房地产宣传网站页面的最终效果。

图 9-46　页面最终效果

9.2.3　制作步骤

素材文件：无　　案例文件：最终文件 \ 第 9 章 \9-2.html
案例要点：掌握 Div+CSS 网站布局制作的综合应用

Step01 执行"文件 > 新建"命令，弹出"新建文档"对话框，新建一个空白的 HTML 页面，如图 9-47 所示，将其保存为"源文件 \ 第 9 章 \9-2.html"。新建外部 CSS 样式表文件，如图 9-48 所示，将其保存为"源文件 \ 第 9 章 \style\9-2.css"。

Step02 转换到 HTML 页面中，在 <head> 与 </head> 标签之间添加 <link> 标签，链接到外部 CSS 样式表文件，如图 9-49 所示。转换到该网页所链接的外部 CSS 样式表文件中，创建通配符和 body 标签的 CSS 样式，如图 9-50 所示。

Step03 返回页面设计视图，可以看到页面的背景效果，如图 9-51 所示。在页面中插入名为 top 的 Div，如图 9-52 所示。

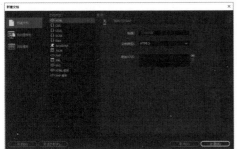

图 9-47 新建 HTML 页面

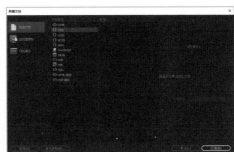

图 9-48 新建 CSS 样式表文件

```
<!doctype html>
<html>
<head>
<meta charset="utf-8">
<title>房地产宣传网站页面</title>
<link href="style/11-2.css" rel="stylesheet" type="text/css">
</head>

<body>
</body>
</html>
```

图 9-49 添加链接外部 CSS 样式表代码

```
* {
    margin: 0px;
    padding: 0px;
}
body{
    font-family: 微软雅黑;
    font-size: 14px;
    color: #555;
    background-image: url(../images/11202.jpg);
    background-repeat: no-repeat;
    background-position: center -100px;
}
```

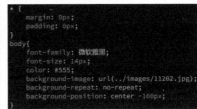

图 9-50 CSS 样式代码

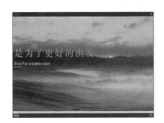

图 9-51 页面背景效果

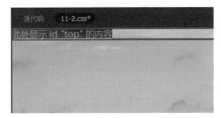

图 9-52 在页面中插入 Div

Step 04 转换到外部 CSS 样式表文件中，创建名为 #top 的 CSS 样式，如图 9-53 所示。返回页面设计视图，将名为 top 的 Div 中的多余文字删除，效果如图 9-54 所示。

```
#top{
    width: auto;
    height: 70px;
    background-image: url(../images/11201.jpg);
    background-repeat: repeat-x;
}
```

图 9-53 CSS 样式代码

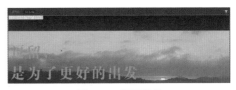

图 9-54 页面效果

Step 05 在名为 top 的 Div 之后插入名为 logo 的 Div，转换到外部 CSS 样式表文件中，创建名为 #logo 的 CSS 样式，如图 9-55 所示。返回页面设计视图，将名为 logo 的 Div 中的多余文字删除，插入图像“源文件 \ 第 9 章 \images\9203.jpg”，效果如图 9-56 所示。

```
#logo{
    position: absolute;
    width: 106px;
    height: 106px;
    top: 0px;
    left: 50%;
    margin-left: -53px;
}
```

图 9-55 CSS 样式代码

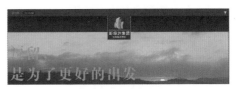

图 9-56 页面效果

Step 06 在名为 logo 的 Div 之后插入名为 main 的 Div，转换到外部 CSS 样式表文件中，创建名为 #logo 的 CSS 样式，如图 9-57 所示。返回页面设计视图，可以看到名为 main 的 Div 的效果，如图 9-58 所示。

```
#main{
    position: absolute;
    width: 947px;
    height: 103px;
    top: 503px;
    left: 50%;
    margin-left: ~494px;
    border-top: solid 3px #be9344;
    background-image: url(../images/11204.jpg);
    background-repeat: repeat;
    padding: 12px 20px 12px 20px;
    z-index: 1;
}
```

图 9-57　CSS 样式代码

图 9-58　页面效果

Step 07 将鼠标光标移至名为 main 的 Div 中，将多余文字删除，在该 Div 中插入名为 left 的 Div，转换到外部 CSS 样式文件中，创建名为 #left 的 CSS 样式，如图 9-59 所示。返回页面设计视图中，可以看到名称为 left 的 Div 的效果，如图 9-60 所示。

```
#left{
    width: 302px;
    height: auto;
    overflow: hidden;
    padding-top: 20px;
    float: left;
    background-image: url(../images/11205.png);
    background-repeat: no-repeat;
    background-position: 12px 0px;
}
```

图 9-59　CSS 样式代码

此处显示 id "left" 的内容

图 9-60　页面效果

Step 08 将鼠标光标移至名为 left 的 Div 中，将多余文字删除，输入相应的文字内容，如图 9-61 所示。切换到 HTML 代码中，为刚输入的文字内容添加相应的定义列表标签，如图 9-62 所示。

图 9-61　输入文字

```
<div id="left">
    <dl>
        <dt>新绿洲集团领导应邀出席世界晋商大会</dt>
        <dd>2024-03-28</dd>
        <dt>市委主要领导会见新绿洲集团董事长</dt>
        <dd>2024-04-01</dd>
        <dt>市主要领导人与集团领导洽谈住房建设问题</dt>
        <dd>2024-04-24</dd>
    </dl>
</div>
```

图 9-62　添加定义列表代码

Step 09 转换到外部 CSS 样式文件中，分别创建名称为 #left dt 和 #left dd 的 CSS 样式，如图 9-63 所示。返回页面设计视图，在实时视图中可以看到该部分新闻列表的效果，如图 9-64 所示。

```
#left dt{
    width:220px;
    float:left;
    padding-left: 10px;
    line-height:27px;
    background-image: url(../images/11206.jpg);
    background-repeat: no-repeat;
    background-position: left center;
    overflow: hidden;
    white-space: nowrap;
    text-overflow: ellipsis;
}
#left dd{
    width: 70px;
    float: left;
    font-size: 12px;
    color: #999999;
    line-height:27px;
}
```

图 9-63　CSS 样式代码

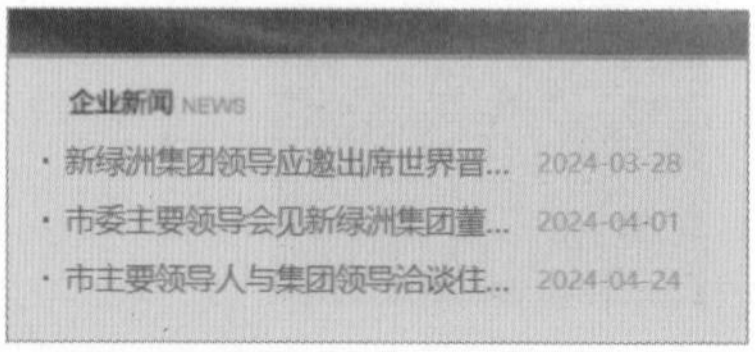

图 9-64　新闻列表效果

Step10 在名为 left 的 Div 之后插入名为 center 的 Div，转换到外部 CSS 样式文件中，创建名为 #center 的 CSS 样式，如图 9-65 所示。返回页面设计视图中，可以看到名称为 center 的 Div 的效果，如图 9-66 所示。

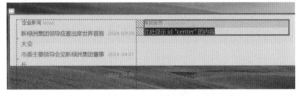

图 9-65　CSS 样式代码　　　　　　　　　　图 9-66　页面效果

Step11 将鼠标光标移至名为 center 的 Div 中，将多余文字删除，插入相应的图像，如图 9-67 所示。转换到外部 CSS 样式文件中，创建名为 #center img 的 CSS 样式，如图 9-68 所示。

图 9-67　插入图像　　　　　　　　　　　　图 9-68　CSS 样式代码

Step12 返回页面设计视图，可以看到该部分内容的效果，如图 9-69 所示。在名为 center 的 Div 之后插入名为 right 的 Div，转换到外部 CSS 样式文件中，创建名为 #right 的 CSS 样式，如图 9-70 所示。

图 9-69　页面效果　　　　　　　　　　　　图 9-70　CSS 样式代码

Step13 返回页面设计视图，将鼠标光标移至名为 right 的 Div 中，将多余文字删除，输入相应的文字，如图 9-71 所示。转换到外部 CSS 样式文件中，创建名为 .font01 的类 CSS 样式，如图 9-72 所示。

图 9-71　输入文字　　　　　　　　　　　　图 9-72　CSS 样式代码

Step14 返回网页 HTML 代码中，为相应的文字应用名为 font01 的类 CSS 样式，如图 9-73 所示。返回设计视图，可以看到该部分内容的效果，如图 9-74 所示。

Step15 在名为 right 的 Div 之后插入名为 next 的 Div，转换到外部 CSS 样式文件中，创建名为 #next 的 CSS 样式，如图 9-75 所示。返回设计视图，将鼠标光标移至名为 next 的 Div

中，删除多余的文字，插入图像"源文件 \ 第 9 章 \images\9212.png"，效果如图 9-76 所示。

图 9-73 应用类 CSS 样式

图 9-74 页面效果

图 9-75 CSS 样式代码　　　　　　图 9-76 页面效果

Step16 在名为 main 的 Div 之后插入名为 bottom 的 Div，转换到外部 CSS 样式文件中，创建名为 #bottom 的 CSS 样式，如图 9-77 所示。返回设计视图中，可以看到名为 bottom 的 Div 的效果，如图 9-78 所示。

图 9-77 CSS 样式代码　　　　　　图 9-78 页面效果

Step17 将鼠标光标移至名为 bottom 的 Div 中，删除多余的文字，在该 Div 中插入名为 link 的 Div，转换到外部 CSS 样式文件中，创建名为 #link 的 CSS 样式，如图 9-79 所示。返回设计视图中，将鼠标光标移至名为 link 的 Div 中，将多余的文字删除，输入相应的文字，效果如图 9-80 所示。

Step18 转换到网页 HTML 代码中，为该部分文字添加项目列表标签，如图 9-81 所示。转换到外部 CSS 样式文件中，创建名为 #link li 的 CSS 样式，如图 9-82 所示。

图 9-79 CSS 样式代码　图 9-80 输入文字　图 9-81 添加项目列表代码　图 9-82 CSS 样式代码

Step19 返回页面设计视图中，可以看到该部分内容的效果，如图 9-83 所示。使用相同的制作方法，可以完成页面版底信息部分内容的制作，如图 9-84 所示。

图 9-83 页面效果

图 9-84 页面效果

Step20 完成该网站页面的制作，保存页面并保存外部 CSS 样式表文件，在浏览器中预览页面，效果如图 9-85 所示。

图 9-85 在浏览器中预览页面效果

9.3 制作学校教育网站

在学校教育网站页面的设计过程中，页面布局的重要性不言而喻。页面布局不仅承载着网页的视觉骨架，更在无形中塑造着页面的整体美感。页面的色调、风格固然是美感的关键元素，但布局同样以其独特的方式，直接作用于用户的视觉感知。

9.3.1 设计分析

本案例所设计的是一所大学的网站页面，网页采用深紫色和白色作为主要色调，深紫色具有高贵、神秘和优雅的特点，这与大学的学术氛围相契合。同时，白色作为背景色，既简洁又能突出信息内容，为用户提供良好的阅读体验。整个页面布局清晰，信息分类明确，易于浏览者快速找到所需信息。

9.3.2 布局分析

本案例所制作的学校教育网站页面为了能够快速吸引受众的视线，在页面顶部采用了通栏的大图布局，给浏览者带来很强的视觉冲击力。页面中的整体内容采用居中的布局方式，中间部分使用不同的背景颜色进行划分，每部分又根据不同的栏目划分为左、右两列，使得每部分内容都清晰、易读。底部为页面的版权信息内容。页面的整体结构简约、大方，很大程度上抓住了浏览者倾向简单、舒适的心理。图 9-86 所示为本实例所制作的学校教育网站的最终效果。

图 9-86   页面最终效果

9.3.3   制作步骤

素材文件：无   案例文件：最终文件 \ 第 9 章 \9-3.html
案例要点：掌握 Div+CSS 网站布局制作的综合应用

Step 01 执行"文件 > 新建"命令，弹出"新建文档"对话框，新建一个空白的 HTML 页面，如图 9-87 所示，将其保存为"源文件 \ 第 9 章 \9-3.html"。新建外部 CSS 样式表文件，如图 9-88 所示，将其保存为"源文件 \ 第 9 章 \style\9-3.css"。

图 9-87   新建 HTML 页面   图 9-88   新建 CSS 样式表文件

Step 02 转换到 HTML 页面中，在 <head> 与 </head> 标签之间添加 <link> 标签，链接到外部 CSS 样式表文件，如图 9-89 所示。转换到该网页所链接的外部 CSS 样式表文件中，创建通配符和 body 标签的 CSS 样式，如图 9-90 所示。

```
<!doctype html>
<html>
<head>
<meta charset="utf-8">
<title>学校教育网页页面</title>
<link href="style/11-3.css" rel="stylesheet" type="text/css">
</head>

<body>
</body>
</html>
```

```
* {
    margin: 0px;
    padding: 0px;
}
body {
    font-family: 微软雅黑;
    font-size: 14px;
    color: #3E3E3E;
    line-height: 30px;
}
```

图 9-89   添加链接外部 CSS 样式表代码   图 9-90   CSS 样式代码

Step 03 返回页面设计视图，在页面中插入名为 top-bg 的 Div，转换到外部 CSS 样式表文件中，创建名为 #top-bg 的 CSS 样式，如图 9-91 所示。返回设计视图，将鼠标光标移至名为 top-bg 的 Div 中，将多余文字删除，在该 Div 中插入名为 top 的 Div，转换到外部 CSS 样式文件中，创建名为 #top 的 CSS 样式，如图 9-92 所示。

图 9-91　CSS 样式代码　　　　　　　　　图 9-92　CSS 样式代码

Step 04 返回设计视图，将鼠标光标移至名为 top 的 Div 中，将多余文字删除并输入相应的文字，如图 9-93 所示。在名为 top-bg 的 Div 之后插入名为 solid 的 Div，转换到外部 CSS 样式文件中，创建名为 #solid 和 #solid img 的 CSS 样式，如图 9-94 所示。

图 9-93　输入文字　　　　　　　　　　　图 9-94　CSS 样式代码

Step 05 返回设计视图，将鼠标光标移至名为 solid 的 Div 中，将多余文字删除并插入相应的图像，效果如图 9-95 所示。在名为 solid 的 Div 之后插入名为 top-menu 的 Div，转换到外部 CSS 样式文件中，创建名为 #top-menu 的 CSS 样式，如图 9-96 所示。

图 9-95　插入图像　　　　　　　　　　　图 9-96　CSS 样式代码

Step 06 返回设计视图，将鼠标光标移至名为 top-menu 的 Div 中，将多余文字删除，在该 Div 中插入名为 menu-bar 的 Div，转换到外部 CSS 样式文件中，创建名为 #menu-bar 的 CSS 样式，如图 9-97 所示。返回设计视图，可以看到该 Div 的效果，如图 9-98 所示。

图 9-97　CSS 样式代码　　　　　　　　　　　图 9-98　页面效果

Step 07 将鼠标光标移至名为 menu-bar 的 Div 中，将多余文字删除，在该 Div 中插入名为 logo 的 Div，转换到外部 CSS 样式文件中，创建名为 #logo 的 CSS 样式，如图 9-99 所示。返回设计视图，将鼠标光标移至名为 logo 的 Div 中，将多余文字删除并插入相应的图像，效果如图 9-100 所示。

```
#logo {
    width: 300px;
    height: auto;
    overflow: hidden;
    background-color: #FFF;
    position: absolute;
    left: 0px;
    top: -45px;
    padding: 30px;
    box-shadow: 0px 0px 8px #BCBCBC;
}
```

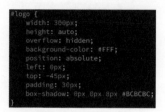

图 9-99　CSS 样式代码

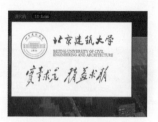

图 9-100　插入图像

Step 08 在名为 logo 的 Div 之后插入名为 menu1 的 Div，转换到外部 CSS 样式文件中，创建名为 #menu1 的 CSS 样式，如图 9-101 所示。返回该网页的 HTML 代码中，将该 Div 中多余的文字删除，输入无序列表代码并在每个列表项中加入菜单项名称，如图 9-102 所示。

```
#menu1 {
    width: 918px;
    height: 81px;
    position: absolute;
    right: 0px;
    z-index: 20;
}
```

图 9-101　CSS 样式代码

```
<div id="menu1">
  <ul>
    <li>新闻资讯</li>
    <li>院部设置</li>
    <li>教育教学</li>
    <li>招生就业</li>
    <li>科学研究</li>
    <li>师资队伍</li>
    <li>合作交流</li>
    <li>社会责任</li>
  </ul>
</div>
```

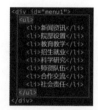

图 9-102　添加无序列表代码

Step 09 返回设计视图中，可以看到无序列表默认的显示效果，如图 9-103 所示。转换到外部 CSS 样式文件中，创建名为 #menu1 li 和 #menu1 li:hover 的 CSS 样式，如图 9-104 所示。

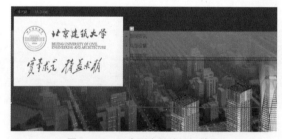

图 9-103　无序列表默认显示效果

```
#menu1 li {
    list-style-type: none;
    height: 81px;
    line-height:81px;
    font-weight: bold;
    color:#FFFFFF;
    font-size:16px;
    float:left;
    position:relative;
    padding:0px 19px;
}
#menu1 li:hover {
    background-color: #704685;
    cursor: pointer;
}
```

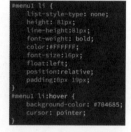

图 9-104　CSS 样式代码

Step 10 返回设计视图，可以看到通过 CSS 样式对无序列表进行设置所实现的菜单效果，如图 9-105 所示。在名为 top-menu 的 Div 之后插入名为 second 的 Div，转换到外部 CSS 样式文件中，创建名为 #second 的 CSS 样式，如图 9-106 所示。

图 9-105　导航菜单效果

```
#second {
    width: 100%;
    height: auto;
    overflow: hidden;
    background-image: url(../images/11304.jpg);
    background-repeat: repeat;
    background-position: center top;
    padding-top: 25px;
    padding-bottom: 10px;
}
```

图 9-106　CSS 样式代码

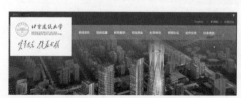

Step11 返回设计视图，可以看到 ID 名为 second 的 Div 的效果，如图 9-107 所示。将鼠标光标移至名为 second 的 Div 中，将多余的文字删除，在该 Div 中插入名为 second-main 的 Div，转换到外部 CSS 样式文件中，创建名为 #second-main 的 CSS 样式，如图 9-108 所示。

图 9-107　页面效果　　　　　　　　　　　　　图 9-108　CSS 样式代码

Step12 返回设计视图，将鼠标光标移至名为 second-main 的 Div 中，将多余文字删除，在该 Div 中插入名为 second-left 的 Div，转换到外部 CSS 样式文件中，创建名为 #second-left 的 CSS 样式，如图 9-109 所示。返回设计视图，可以看到 ID 名称为 second-left 的 Div 的效果，如图 9-110 所示。

图 9-109　CSS 样式代码　　　　　　　　　　图 9-110　页面效果

Step13 将鼠标光标移至名为 second-left 的 Div 中，将多余文字删除，在该 Div 中插入名为 news-title 的 Div，转换到外部 CSS 样式文件中，创建名为 #news-title 的 CSS 样式，如图 9-111 所示。返回网页 HTML 代码中，在该 Div 中输入相应的文字并为文字添加相应的标题标签，如图 9-112 所示。

图 9-111　CSS 样式代码　　　　　　　　　　图 9-112　输入文字和标签

Step14 转换到外部 CSS 样式文件中，创建名为 #news-title h1 和 #news-title h2 的 CSS 样式，如图 9-113 所示。返回设计视图，可以看到该栏目标题的效果，如图 9-114 所示。

图 9-113　CSS 样式代码　　　　　　　　　　图 9-114　页面效果

Step15 在名为 news-title 的 Div 之后插入名为 news 的 Div，转换到外部 CSS 样式文件中，

创建名为 #news 的 CSS 样式，如图 9-115 所示。返回设计视图，将鼠标光标移至名为 news 的 Div 中，将多余的文字删除，在该 Div 中插入一个 Div，在该 Div 中插入图像并输入文字，如图 9-116 所示。

图 9-115　CSS 样式代码　　　　　　　　　　图 9-116　插入图像并输入文字

Step16 转换到外部 CSS 样式文件中，创建名为 .news01、.news p 和 .news01:hover 的 CSS 样式，如图 9-117 所示。返回网页 HTML 代码中，在刚插入的 Div 标签中添加 class 属性，应用名为 news01 的类 CSS 样式，如图 9-118 所示。

图 9-117　CSS 样式代码　　　　　　　　　　图 9-118　应用 CSS 样式

Step17 返回设计视图，可以看到新闻栏目的效果，如图 9-119 所示。返回网页 HTML 代码中，将应用名称为 news01 的 CSS 样式的 Div 部分代码复制并粘贴 5 次，在复制粘贴得到的 HTML 代码中修改相应的图片代码和文字内容，如图 9-120 所示。

图 9-119　新闻栏目效果　　　　　　　　　　图 9-120　复制代码并修改

Step18 返回设计视图，完成新闻栏目的整体内容制作，效果如图 9-121 所示。在名为 second-left 的 Div 之后插入名为 second-right 的 Div，转换到外部 CSS 样式文件中，创建名为 #second-right 的 CSS 样式，如图 9-122 所示。

Step19 返回设计视图，可以看到页面的效果，如图 9-123 所示。将鼠标光标移至名为

second-right 的 Div 中，将多余文字删除，在该 Div 中插入名为 notice-title 的 Div，根据新闻栏目标题相同的制作方法，可以完成公告栏目标题的制作，效果如图 9-124 所示。

图 9-121　新闻栏目效果

图 9-122　CSS 样式代码

图 9-123　页面效果

图 9-124　公告栏目标题效果

Step 20 在名为 notice-title 的 Div 之后插入一个 Div，并在该 Div 中插入图像输入文字，如图 9-125 所示。转换到网页 HTML 代码中，为该 Div 应用类 CSS 样式，并为文字添加相应的标签，如图 9-126 所示。

图 9-125　插入图像并输入文字

图 9-126　应用类 CSS 样式并为文字添加标签

Step 21 转换到外部 CSS 样式文件中，创建名为 .n01、.n01 img、.n01 p 和 .n01 h3 的 CSS 样式，如图 9-127 所示。返回设计视图，可以看到公告栏目的效果，如图 9-128 所示。

图 9-127　CSS 样式代码

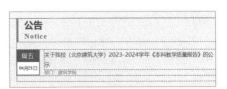

图 9-128　公告栏目效果

Step22 返回网页 HTML 代码中，将应用名称为 n01 的 CSS 样式的 Div 部分代码复制并粘贴 4 次，在复制粘贴得到的 HTML 代码中修改相应的图片代码和文字内容，如图 9-129 所示。返回设计视图，完成公告栏目的整体内容制作，效果如图 9-130 所示。

图 9-129　复制代码并修改

图 9-130　公告栏目效果

Step23 转换到网页 HTML 代码中，在最后一条公告内容的 Div 之后添加一个 Div，并为其应用类 CSS 样式，如图 9-131 所示。转换到外部 CSS 样式文件中，创建名为 .more_btn 和 .more_btn:hover 的 CSS 样式，如图 9-132 所示。

图 9-131　添加 Div 代码

图 9-132　CSS 样式代码

Step24 返回设计视图，可以看到页面的效果，如图 9-133 所示。在名为 second 的 Div 之后插入名为 three 的 Div，转换到外部 CSS 样式文件中，创建名为 #three 的 CSS 样式，如图 9-134 所示。

图 9-133　页面效果

图 9-134　CSS 样式代码

Step25 返回设计视图，可以看到 ID 名为 three 的 Div 的效果，如图 9-135 所示。将鼠标光标移至名为 three 的 Div 中，将多余文字删除，在该 Div 中插入名为 three-main 的 Div，转换到外部 CSS 样式文件中，创建名为 #three-main 的 CSS 样式，如图 9-136 所示。

Step26 返回设计视图，将鼠标光标移至名为 three-main 的 Div 中，将多余的文字删除，在该 Div 中插入名为 three-left 的 Div，转换到外部 CSS 样式文件中，创建名为 #three-left 的 CSS

样式，如图 9-137 所示。根据前面栏目相同的制作方法，可以完成"展览信息"栏目内容的制作，效果如图 9-138 所示。

图 9-135　页面效果　　　　　　　　　　　图 9-136　CSS 样式代码

图 9-137　CSS 样式代码　　　　　　　图 9-138　"展览信息"栏目效果

Step 27 在名为 three-left 的 Div 之后插入名为 three-right 的 Div，转换到外部 CSS 样式文件中，创建名为 #three-right 的 CSS 样式，如图 9-139 所示。根据前面栏目相同的制作方法，可以完成"媒体视角"栏目的制作，效果如图 9-140 所示。

图 9-139　CSS 样式代码　　　　　　　图 9-140　"媒体视角"栏目效果

Step 28 在名为 three 的 Div 之后插入名为 bottom 的 Div，转换到外部 CSS 样式文件中，创建名为 #bottom 的 CSS 样式，如图 9-141 所示。返回设计视图，可以看到 ID 名为 bottom 的 Div 的效果，如图 9-142 所示。

图 9-141　CSS 样式代码　　　　　　　图 9-142　页面效果

Step29 将鼠标光标移至名为 bottom 的 Div 中，将多余的文字删除，在该 Div 中插入名为 b-left 的 Div，转换到外部 CSS 样式文件中，创建名为 #b-left 和 #b-left img 的 CSS 样式，如图 9-143 所示。返回设计视图，将鼠标光标移至名为 b-left 的 Div 中，将多余的文字删除，在该 Div 中插入相应的图像，效果如图 9-144 所示。

图 9-143　CSS 样式代码　　　　　　　　　　　　图 9-144　插入图像

Step30 在名为 b-left 的 Div 之后插入名为 b-right 的 Div，转换到外部 CSS 样式文件中，创建名为 #b-right 的 CSS 样式，如图 9-145 所示。返回设计视图，可以看到 ID 名为 b-right 的 Div 的效果，如图 9-146 所示。

图 9-145　CSS 样式代码　　　　　　　　　　　　图 9-146　页面效果

Step31 将鼠标光标移至名为 b-right 的 Div 中，将多余的文字删除，在该 Div 中插入名为 b-text 的 Div，转换到外部 CSS 样式文件中，创建名为 #b-text 的 CSS 样式，如图 9-147 所示。返回设计视图，将鼠标光标移至名为 b-text 的 Div 中，将多余的文字删除，在该 Div 中输入相应的文字，效果如图 9-148 所示。

图 9-147　CSS 样式代码　　　　　　　　　　　　图 9-148　输入文字

Step32 完成该网站页面的制作，保存页面并保存外部 CSS 样式表文件，在浏览器中预览页面，效果如图 9-149 所示。

图 9-149　预览页面效果

9.4　本章小结

本章通过 3 个详尽的网站页面案例实践，引领读者深入理解并熟练掌握 Div+CSS 布局制作技术。通过这一系列案例，深入探讨了如何针对不同类型的网站页面进行布局规划与实施，逐步解析了布局制作的每个流程和具体步骤。完成本章学习后，读者将不仅能够对 Div+CSS 布局方法形成深刻的认识，更能自如地运用这一技术来打造专业水准的网站页面。此外，我们鼓励读者通过大量实践，不断提升自己的网站页面制作技能，达到更高的熟练度和专业水准。

9.5　课后练习

完成对本章内容的学习后，接下来通过课后练习，检测读者对本章内容的学习效果，同时加深对所学的知识的理解。

一、选择题

1. 在 HTML 文档结构中，以下哪个标签属于 HTML 主体内容标签？（　　）

　　A. \<html\>　　　　　B. \<head\>　　　　　C. \<body\>　　　　　D. \<title\>

2. CSS 文件的扩展名是什么？（　　）

　　A. .style　　　　　B. .css　　　　　C. .cs　　　　　D. .html

3. 关于 CSS 样式的语法构成，下列哪项是正确的？（　　）

　　A. 选择符 : 属性 = 属性值　　　　　B. { 选择符 ; 属性 : 属性值 }

　　C. 选择符 { 属性 : 属性值 ;}　　　　　D. { 选择符 : 属性 = 属性值 }

4. CSS 是利用什么 HTML 标签对网页进行布局的？（　　）

　　A. \<table\>　　　　　B. \<div\>　　　　　C. \<p\>　　　　　D. \<span\>

5. a:hover 表示超链接在什么时候的状态？（　　）

　　A. 鼠标按下　　　B. 鼠标经过　　　C. 超链接默认状态　　　D. 超链接访问过后

二、填空题

1. 合理的页面布局通常是结构与表现相分离的，那么结构是_____，表现是_____。

2. CSS 规则由两个主要部分构成：_____和_____，其中_____由属性和属性值组成。

3. _____属性既可以设置项目列表前的符号效果，也可以设置编号列表前的符号效果。

4. 在 CSS 样式中，设置背景图像平铺方式的 CSS 属性是_____。

5. 如果在所创建的 CSS 样式中包含多条声明，则声明之间需要使用_____进行分隔。

三、简答题

链接本地机器上的文件时，应该使用绝对路径还是相对路径？